牛顿科学馆

Newton Science Museum

几何变换漫谈

王敬赓◎编著

北京师范大学出版集团
BEIJING NORMAL UNIVERSITY PUBLISHING GROUP
北京师范大学出版社

图书在版编目(CIP)数据

几何变换漫谈/王敬赓编著. —北京:北京师范大学出版社,2017.6(2018.12重印)
(牛顿科学馆)
ISBN 978-7-303-21944-5

Ⅰ.①几… Ⅱ.①王… Ⅲ.①平面几何—普及读物
Ⅳ.①O123.1-49

中国版本图书馆 CIP 数据核字(2017)第 015849 号

营销中心电话 010-58805072 58807651
北师大出版社学术著作与大众读物分社 http://xueda.bnup.com

出版发行:北京师范大学出版社 www.bnup.com
北京市海淀区新街口外大街 19 号
邮政编码:100875

印 刷:三河市兴达印务有限公司
经 销:全国新华书店
开 本:890 mm×1240 mm 1/32
印 张:6.5
字 数:145 千字
版 次:2017 年 6 月第 1 版
印 次:2018 年 12 月第 2 次印刷
定 价:24.00 元

策划编辑:岳昌庆 责任编辑:岳昌庆 肖光华
美术编辑:王齐云 装帧设计:王齐云
责任校对:陈 民 责任印制:马 洁

序　言

按照近代数学的观点，有一类变换就有一种几何学。初等几何变换既是初等几何研究的对象，又是初等几何研究的方法。《几何变换漫谈》较为详细地介绍了平移、旋转、轴反射及位似等初等几何变换的性质，并配有应用这些变换解题的丰富的例题和习题。书中还通过平行投影和中心投影，简要地介绍了仿射变换和射影变换。最后还直观形象地介绍了拓扑变换。

哲学家笛卡儿通过建立坐标系，用代数方法来研究几何，具体说就是用方程来研究曲线，这就是解析几何方法的实质。解析几何最初就叫坐标几何。《解析几何方法漫谈》通过解析几何创立的历史，解析几何方法与传统的欧几里得几何方法的比较，对解析几何方法进行了深入的分析，并介绍了解析几何解题方法的若干技巧，如轮换与分比、斜角坐标系的应用、旋转与复数及解析几何方法的反用，等等。

为了扩大青少年朋友们关于近代几何学的视野，向他们尽可能通俗直观地介绍一点关于拓扑学——外号叫橡皮几何学——的知识，《橡皮几何学漫谈》选择了若干古老而有趣的、但属于拓扑学范畴的问题，包括哥尼斯堡七桥问题、关于凸多面体的欧拉公式以及地图着色的四色问题，等等。当然也通俗直观地介绍关于拓扑学的一些基本概念和方法，还谈到了纽结和链环等。

北京师范大学出版社将上述3本“漫谈”，收录入该社编辑的科普丛书——“牛顿科学馆”同时出版。

努力和尽力为广大青少年数学爱好者做一点数学普及工作，是我心中的一个挥之不去的愿望，谨以上述3本“漫谈”贡献给广大读者。

我把这3本小书都取名为“漫谈”，以区别于正统的数学教科书，希望这几本小书能体现科学性、趣味性和思想性的结合，努力实现“内容是科学的，题材是有趣的，叙述是通俗直观的，阐述的思想是深刻的”这一写作目标。

著名数学教育家波利亚曾指出，数学教育的目的是“教年轻人学会思考”。因此，讲解一道题时，分析如何想到这个解法，比给出这个解法更重要。遵循波利亚这一教导，在各本“漫谈”的叙述方式上，都力求尽可能说清楚“如何想到的”。始终不忘“训练思维”这一核心宗旨，这也可以说是上述3本“漫谈”的一个显著特点。总结起来就是从引起兴趣入手，通过训练思维，从而达到提高能力的目的。

王敬赓
2016年6月于北京师范大学

前言

苏联几何学家亚格龙曾指出："在初等几何中，除去一些具体的定理之外，还包含了两个重要的有普遍意义的思想，它们构成了几何学的一切进一步发展的基础，其重要性远远超出了几何学的界限。其中之一是演绎法和几何学的公理基础；另一个是几何的变换和几何学的群论基础。这些思想都是内容丰富和卓有成效的。"笔者认为亚格龙的上述见解，抓住了初等几何的根本，为我们学习平面几何指明了方向。

在平面几何中加强几何变换的内容是当今世界中学平面几何教学改革的方向。

我国教育部最新颁布的《义务教育数学课程标准》(2011年版)中，在课程内容部分，强调"应当注重发展学生的空间观念"，其中专门列出"描述图形的运动和变化"。具体到初中阶段(7～9年级)的"几何与图形"部分(相当于初中平面几何)的教学内容中，"图形的变化"是初中几何三大块内容之一(其余两大块是"图形的性质"和"图形与坐标")分别讨论图形的轴对称、平移、旋转(包括中心对称)、相似(包括位似)和投影(也涉及平行投影和中心投影)。可见几何变换在新课标中举足轻重的地位。

而有关几何变换的这类课外读物很少见。老师们也在寻找有关参考书。北京师范大学出版社此时出版本书，正可谓天旱逢甘霖，正合需要。

作者编写本书的目的，就是向广大中学生朋友介绍关于几何变换的思想。除了介绍平面上的平移、旋转、轴反射(轴对称)及位似等常见的初等几何变换以外，为了开拓同学们的视野，还将介绍中学几何中未涉及的几何变换——仿射变换和射影变换。当然不是抽象地一般地研究它们，而是分别介绍它们的一种特殊情形——平行投影和中心投影。形象地说，平行投影就是把图形变成它在一组平行光线照射下的影子，中心投影就是把图形变成它在由一点发出来的光线束照射下的影子。

本书一方面要介绍各种几何变换的概念和性质以及图形在各种几何变换下的不变的性质和不变量；另一方面还要介绍各种几何变换在研究解决几何问题中的应用。可能的话，也要说到在其他方面的一些应用。几何变换既是几何研究的重要内容，又是解决几何问题的重要方法。我们用变换的观点研究几何，又用变换的方法解决几何问题。

介绍近代关于几何学的观点，离不开变换群的概念，本书最后一章将尽可能简单通俗地给出变换群的概念。研究图形在一种变换群下的不变性和不变量，就构成一种几何学，这就是近代关于几何学的群论观点。用这种观点看待几何学，就把包括欧氏几何学在内的各种几何学，既区分开又统一起来了。由于全书就是按照这个观点来写的，因此具有中学水平的读者，阅读最后这一章，了解其基本思想，除了个别述语以外，我想是不会有太多困难的。该章最后还极其通俗直观地介绍了“橡皮变换”和它对应的几何学——外号叫“橡皮膜上的几何学”或径称“橡皮几何学”的拓扑学的点滴。

为了加深对各种几何变换的理解，也为了提高同学们的解题能力，书中收集了应用各种几何变换解题的丰富的例题。按照美国著名数学教育家波利亚的说法，中学数学教育的目标是“教会年轻人思考”。基于这一认识，本书对例题的处理，不是简单地给出解答，而是引导读者寻找和发现解题的方法，因此始终把重点放在回答“这个解法是如何想到的?”这一问题上。几乎对每一个例题，我都不厌其烦地尽可能详尽地加以分析。本书在各章末配置了习题。做习题可以帮助读者掌握方法，是对读者学习能力的挑战。书末附有参考答案，但建议读者不要轻易看它。在自己独立解出之后再看它，进行比较，作用会更好。若实在做不出，也可看答案。但看完后，还需自己独立做一遍，这样可能帮助会大一点。当然，如果你不想做题，就把参考答案当作例题看也挺好。

我的老师——北京师范大学刘绍学教授对本书的编写自始至终给予指导和帮助，书中与物理有关的内容为我的朋友——北京师范大学物理系杨敬明教授所提供，中国科学院数学所的李培信教授阅读了本书的初稿，提出了许多宝贵的意见，作者向他们致以诚挚的谢意。

这 3 本“漫谈”作为北京师范大学出版社的“牛顿科学馆”科普丛书出版，作者还要感谢北京师范大学出版社。

由于作者水平所限，书中的缺点和不足之处一定不少，欢迎批评指正。

王敬赓
2016 年 5 月于北京师范大学

目　录

§1. 将图形平行移动

§1.1 平面上的一一点变换

1. 从一条平行辅助线看用变动的观点研究几何

回想等腰梯形的判定定理：

对角线相等的梯形是等腰梯形。

如图 1.1，已知 $AD /\!/ BC$，$AC=BD$，求证 $AB=DC$。证明的关键一步是添加平行辅助线：过 D 作 $DE /\!/ AC$，与 BC 的延长线交于 E，于是得到 $\angle 1=\angle 2$，$\triangle ABC \cong \triangle DCB$，从而 $AB=DC$。

你能告诉我是怎样想到添加平行辅助线 DE 的吗？

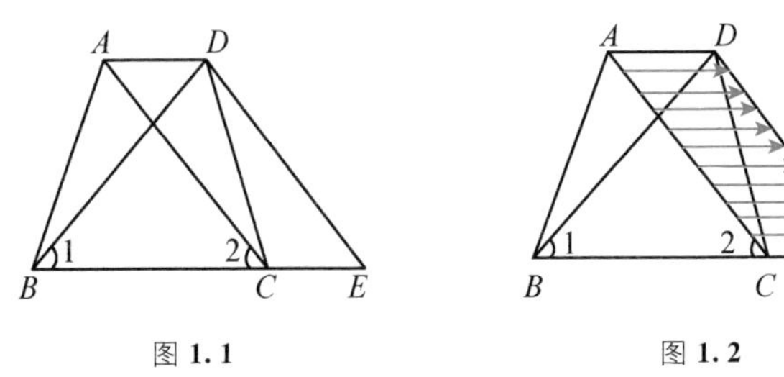

图 1.1　　图 1.2

要证 $AB=DC$，考虑$\triangle ABC$ 和$\triangle DCB$，已知 $AC=BD$，又 BC 是公共边，因此只需证出$\angle 1=\angle 2$，就有$\triangle ABC \cong \triangle DCB$，从而就有 $AB=DC$。如何从已知条件 $AD /\!/ BC$ 及 $AC=BD$ 推出$\angle 1=\angle 2$ 呢？注意到$\angle 1$ 和$\angle 2$ 分别是 DB 及 AC 与 BC 的夹角，如果把 AC 沿着 BC 的方向平行推移至 DE 的位置，使它与 DB 成为$\triangle DBE$ 的两条边(如图 1.2)。由于 AC 在平行推移过程中，与直

线 BC 的夹角始终保持相等，所以$\angle E=\angle 2$，而且长度保持不变，所以又有 $DE=AC$，因而$\triangle DBE$ 是等腰三角形。从而$\angle 1=\angle E$，因此得到$\angle 1=\angle 2$。“添加平行辅助线 DE”的念头，我想大概就是这样为了证明$\angle 1=\angle 2$ 把线段 AC 平行推移到 DE 的位置而得到的。

上面我们是用变动的观点来分析的。用变动的观点研究平面几何，就是通过将图形进行适当的变换——平移、旋转、轴反射及位似等，并运用图形在变换下不变的性质，来寻求问题的解决。例如在上例中，我们将线段 AC 进行平移，并且用到了线段在平移过程中保持长度不变，以及与另一直线的夹角也保持不变的性质。因此，用变动的观点研究几何，首先就要研究各种变换，研究图形在各种变换下有哪些性质保持不变，以及如何应用这些不变的性质来解题等。

为研究平面上的各种变换做准备，我们先来介绍平面上的一一(点)变换。

2. 平面上的一一(点)变换

设 A 和 B 是两个非空集合，如果有一个确定的法则 f，使得对于集合 A 中的每一个元素 a，依照这个法则 f，都能得到集合 B 中的唯一一个元素 b，我们就把这个法则 f 称为集合 A 到集合 B 的一个映射(或对应)，记为 f：$A\longrightarrow B$ 或 $A\xrightarrow{f}B$。并把元素 b 叫作元素 a 在映射 f 下的像，把元素 a 叫作元素 b 在映射 f 下的原像(或逆像)，记为 $b=f(a)$或 $a\xrightarrow{f}b$。集合 A 中所有元素的像的集合记为 $f(A)$。

例 1 集合 A 取全体自然数的集合 $\mathbf{N}$，集合 B 取全体有理数的集合 $\mathbf{Q}$，法则 f 是“取倒数”，则对于每一个自然数 n，依法则 f(即取倒数)都得到唯一一个有理数$\frac{1}{n}$。因此取倒数这个法则就是自然数集$\mathbf{N}$到有理数集$\mathbf{Q}$的一个映射：$f(n)=\frac{1}{n}$。

例 2 集合A和B都取全体整数的集合$\mathbf{Z}$，法则f是“加 1”，则对于每一个整数m，依法则f(即加 1)，都得到唯一一个整数$m+1$，因此，“加 1”这个法则就是整数集$\mathbf{Z}$到整数集$\mathbf{Z}$的一个映射，或说是整数集$\mathbf{Z}$到自身的一个映射，$f(m)=m+1$。

特别地，如果在映射f：$A \longrightarrow B$下，集合A中不同的元素在集合B中的像也不同，而且集合B中的每一个元素，在集合A中都有原像，我们就称这样的映射f为一一映射。打个比喻，电影院上映一部极好的新片，当天晚场票全部售出，买到票的观众高高兴兴进入放映厅，该场电影的观众的集合(A)和放映厅中座位的集合(B)之间的对应法则——对号入座，就是一个一一映射(因为每位观众都有唯一的一个座位，所以是一个映射，又因为没有观众同时坐一个座位，而且没有一个座位空着，所以是一一映射)。

我们来看看前面例 1 和例 2 中的映射是不是一一映射。在例 1 中，虽然两个不同的自然数，取倒数可得两个不同的有理数，但由于不是每一个有理数都是某个自然数的倒数，即不是每个有理数都有原像，因此例 1 中的映射不是一一映射，不难验证例 2 中的映射确是一一映射。

我们对一一映射特别感兴趣。因为若f是A到B的一一映射，则集合B中的每一个元素b，在集合A中有唯一的原像a，使$f(a)=b$，这样确定的由b得到a的法则，便是集合B到集合A的一个映射，这个映射称为映射f的逆映射，记为f^{-1}：$B \longrightarrow A$。这就是说，凡是一一映射必有逆映射。例如，上述例 2 中的一一

映射 f，把任一个整数 m 变成 $m+1$，即 $f(m)=m+1$，则把 $m+1$ 变成 m 的映射就是 f 的逆映射 f^{-1}，即 $f^{-1}(m+1)=m$。

特别地，我们把集合 A 到自身的映射 f：$A \longrightarrow A$ 称为集合 A 的一个变换。集合 A 到自身的一一映射称为集合 A 的一个一一变换。前面的例 2 就是整数集 $\mathbf{Z}$ 的一个一一变换。

我们把平面看成是平面上的所有点组成的集合，通常用 π 表示。并把平面 π 到自身的映射，叫作平面 π 上的点变换，把平面 π 到自身的一一映射，叫作平面 π 上的一一点变换。

以后我们讨论的变换都是平面上的点变换，并将“点”字省略。在本书 §5 和 §6 中，也要涉及两个平面之间的映射。

在今后关于变换的讨论中，还常常用到如下几个重要概念：恒同变换，一个变换的逆变换及变换的乘积。

(1)把平面上任一点都变成该点自己的变换，或者说，使平面上每一点都保持不动的变换，叫作平面上的恒同变换，记为 I。对于平面 π 上的任一点 P，$I(P)=P$。显然，恒同变换是一一变换。

(2)设 T 为平面上的一个一一变换，则平面上每一点 P' 在变换 T 下都有唯一的原像 P，使 $T(P)=P'$，于是把 P' 变成 P 也确定平面上的一个变换，称为变换 T 的逆变换，记为 T^{-1}，$T^{-1}(P')=P$。于是凡一一变换皆有逆变换，且显见其逆变换仍是一一变换。

(3)已知平面上的两个一一变换 T_1 和 T_2，对于平面上任一点 P，设 $T_1(P)=P'$，$T_2(P')=P''$，连续施行这两个变换，得 $T_2[T_1(P)]=T_2(P')=P''$。由 P 和 P'' 为一对对应点所确定的变换记为 $T_2 \cdot T_1$，即 $(T_2 \cdot T_1)(P)=T_2[T_1(P)]=P''$，称为变换 T_1 和 T_2 的复合或变换 T_1 和 T_2 的乘积。乘积 $T_2 \cdot T_1$ 中的乘法记号 · 通常省略不写，直接记为 T_2T_1（如同在代数中，通常将乘积

$a \cdot b$ 记为 ab 一样)。

注意　在本书中，我们约定，在变换乘积的记号中，先施行的变换在记号中排在后面。

易知，两个一一变换的乘积仍然是一个一一变换。

在平面 π 上先施行一个一一变换 T，接着再施行 T 的逆变换 T^{-1}，结果平面 π 上每一点都变成该点自己，即得到一个恒同变换。因此，对于平面上的任何一个一一变换 T，总有 $T^{-1}T=I$。

容易看到，变换的乘法满足结合律，即对于任意三个一一变换 T_1，T_2，T_3，有 $T_3[T_2T_1]=(T_3T_2)T_1$。这是因为，对于任一点 P，设 $T_1(P)=P'$，$T_2(P')=P''$，$T_2(P'')=P'''$。则有

$$
\begin{aligned}
(T_3[T_2T_1])(P) &= T_3\{(T_2T_1)(P)\}=T_3\{T_2[T_1(P)]\} \\
&= T_3\{T_2(P')\}=T_3(P'')=P'''。
\end{aligned}
$$

$$
\begin{aligned}
[(T_3T_2)T_1](P) &= (T_3T_2)[T_1(P)]=T_3T_2(P') \\
&= T_3[T_2(P')]=T_3(P'')=P'''。
\end{aligned}
$$

这两个结果是相同的，所以 $T_3(T_2T_1)=(T_3T_2)T_1$。由于有结合律，因此在书写三个或更多个变换的乘积时，加括号是多余的，我们把上述三个变换的乘积，简单地写成 $T_3T_2T_1$。

但一般说来，变换的乘法却不满足变换律，即连续施行的两个变换，交换次序以后，可能得到不同的变换，即 $T_2T_1 \neq T_1T_2$，这是变换的乘法与通常的数的乘法不同的地方。

在做了上述准备之后，我们现在可以来研究平面上的平移变换。

§1.2 平移变换的概念和表示

1. 平移变换的概念和表示

本章开头的例子中所做的将线段 AC 平行移动到 DE，实际是将线段 AC 上的每一点，沿着同一个方向(从 A 到 D 的方向)移动相同的距离(从 A 到 D 的距离)，如图 1.2 中箭头所示。

把平面上的任一点 P，在该平面内，沿着一个定方向，移动定距离，变到点 P'，我们把平面上的这种(点)变换，叫作(平面上的)平移变换，简称平移。上述定方向称为平移的方向，定距离称为平移的距离。上述点 P' 称为点 P 在平移下的像，点 P 称为点 P' 在平移下的原像，点 P 和点 P' 称为平移下的一对对应点。

直观地说，平移变换就是将平面上的每一点作相同的平行移动。具体描述一个平移，既要指明平移的方向，又要指明平移的距离。

在几何上，我们常用带箭头的线段，来表示既有大小又有方向的量。既有大小又有方向的量称为向量，箭头所指的方向就是向量的方向，线段的长度就是向量的大小(也称为向量的模，或向量的长度)。以 A 为起点，B 为终点的向量(如图 1.3)用

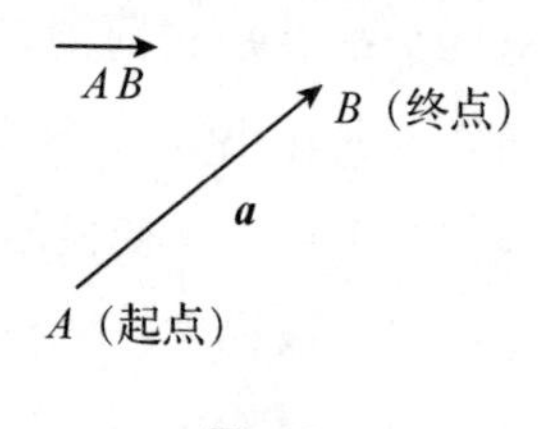

图 1.3

记号$\overrightarrow{AB}$表示，读作“向量 AB”，它的方向是从 A 到 B，它的模记作$|\overrightarrow{AB}|$，是线段 AB 的长度$|AB|$。向量记号也可以用一个小写字母上方画一个箭头来表示，例如图 1.3 中的向量也可记作 $\boldsymbol{a}$(读作“向量 a”)，它的模记为$|\boldsymbol{a}|$。

这样，平移的方向和距离就可用一个向量来表示。例如用平

移 $T(\boldsymbol{d})$表示这个平移的方向是 $\boldsymbol{d}$ 的方向，平移的距离是 $\boldsymbol{d}$ 的长度 $|\boldsymbol{d}|$。图 1.2 中的平移的方向和距离，可以用向量$\overrightarrow{AD}$来表示，这个平移可以记为平移 $T(\overrightarrow{AD})$。

2. 平移变换的特征

我们知道，在一个平移变换下，平面上的每一点都有唯一的像 P'，而且不同的点像也不同，不仅如此，平面上的每一点 Q'，都可以由平面上某一点 Q 平移得到，即每一点 Q'都有原像 Q，因此，平移变换是平面上的一一变换。

若在平移 $T(\boldsymbol{d})$下，点 P 的像是点 P'，点 Q 的像是点 Q'(如图 1.4)，则由平移的概念知，PP' 与 $\boldsymbol{d}$ 的方向平行，且 $|PP'|=|\boldsymbol{d}|$，同样，QQ'也与 $\boldsymbol{d}$ 的方向平行，且 $|QQ'|=|\boldsymbol{d}|$。于是有 $PP' /\!/ QQ'$且 $|PP'|=|QQ'|$。这样我们就得到平移有如下特点：在平移下，每一对应点的连线都互相平行(平行于平移的方向)，每一对应点之间的距离都相等(等于平移的距离)。或者说，在平移下，每一对对应点所连线段平行且相等。

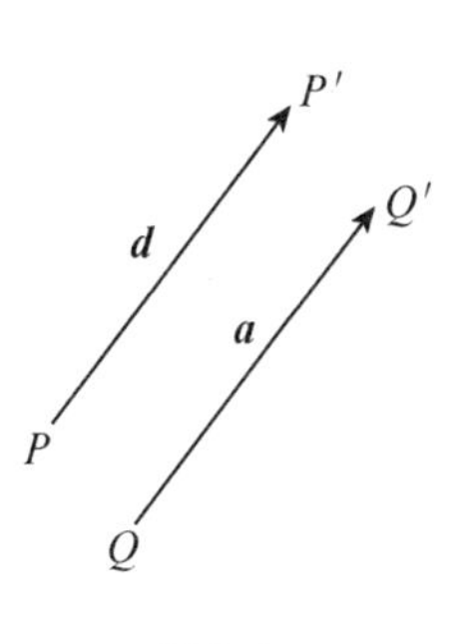

图 1.4

反之，若平面上的一个一一变换，使每对对应点的连线都互相平行，且每对对应点之间的距离都相等，则这个变换一定是一个平移(以对应点连线的共同方向为平移方向，以对应点之间的共同距离为平移距离所决定的平移)。

因此，根据平移变换的上述特征，我们要证明平面上的一一变换是平移，只需证明该变换下的任意两对对应点 P 与 P'，Q 与 Q'，有 $PP' \underline{\underline{/\!/}} QQ'$。即可得该变换为平移。

3. 平移变换的决定

我们知道，要给出一个平移，必须给出平移的方向和平移的距离，或者给出表示这个平移的方向和距离的向量。然而，我们只要给出平面上的一点 A，以及 A 在这个平移下的像 A'，那么，根据平移的特征就可得到，这个平移的方向就是从 A 到 A' 的方向，平移的距离就是 A 到 A' 的距离，或者说表示这个平移的方向和距离的向量就是 $\overrightarrow{AA'}$。因此，这个平移也就完全确定了。于是我们得到，平移变换由它的一对对应点完全决定。例如在图 1.2 中的平移，由一对对应点 A，D 完全决定。

4. 平移变换的性质

(1)恒同变换是一个平移变换

恒同变换是保持平面上每一点都不动的变换，因此，我们可以把它看成是一个特殊的平移——平移的距离为零(平移的方向任意)。

(2)平移变换的逆变换仍是平移变换

由于平移 T 是一一变换，因此它存在逆变换 T^{-1}，且 T^{-1} 仍是一一变换。

设平移 $T=T(\boldsymbol{d})$ 把任一点 P 变到 P'，于是有 $\overrightarrow{PP'}=\boldsymbol{d}$。$T$ 的逆变换 T^{-1} 把点 P' 变回到 P。由于对任一对对应点 P' 和 P，有 $\overrightarrow{P'P}=-\boldsymbol{d}$，因此 T^{-1} 是平移 $T(-\boldsymbol{d})$，即一个平移的逆变换是把这个平移的方向反过来，而保持平移的距离不变的一个平移。

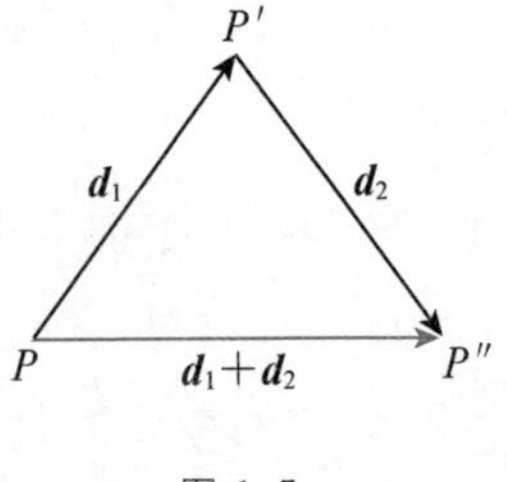

图 1.5

(3)两个平移的乘积仍是一个平移

容易看出，接连施行两个平移 $T_1=T(\boldsymbol{d}_1)$ 和 $T_2=T(\boldsymbol{d}_2)$ 得到的仍是一个平移，$T_2\cdot T_1=T(\boldsymbol{d}_1+\boldsymbol{d}_2)$(如图 1.5)。

§1.3 图形在平移下不变的性质和不变量

我们把图形 F 看成是由点组成的，图形 F 上所有的点在平移下的像(点)也组成一个图形 F'，我们称为图形 F 在该平移下的像。由于图形 F 的所有点在一个平移下都沿着同一个方向移动同样的距离，因此，我们可以把上述过程直观地看成是，图形 F 作为一个整体，沿着上述方向移动上述距离。这样，我们也可以把由图形 F 经过平移得到的图形 F'，称为图形 F 在该平移下的像。

现在我们来研究图形和它在平移下的像之间有些什么关系？

性质 1 平移把任一线段变成与它平行且相等的线段，即任一线段在平移下保持方向和长度不变。

将线段 PQ 作平移 $T(\overrightarrow{PP'})$，即把线段 PQ 沿着 PP' 的方向，平行移动 PP' 这么长的距离，到达 $P'Q'$ 的位置(如图 1.6(a)(b))，

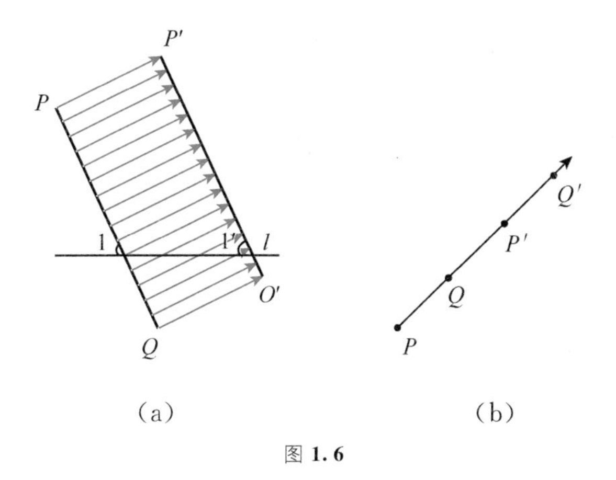

图 1.6

此处 Q' 是 Q 在平移下的像。线段 $P'Q'$ 即为线段 PQ 在上述平移下的像。由平移的特征 $PP' \mathrel{\underline{\underline{/\!/}}} QQ'$；当 PQ 与 PP' 不共线时，得

$PQQ'P'$是平行四边形(如图 1.6(a)),于是有 $PQ \mathrel{\underline{\parallel}} P'Q'$;当 PQ 与 PP'共线时,如图 1.6(b),有 PQ 与 $P'Q'$共线,且 $PQ=P'Q'$(由$\overrightarrow{PQ}=\overrightarrow{PP'}+\overrightarrow{P'Q}$,$\overrightarrow{P'Q'}=\overrightarrow{P'Q}+\overrightarrow{QQ'}$及$\overrightarrow{PP'}=\overrightarrow{QQ'}$即可得到)。

由性质 1 直接可得:

(1)平移保持任意两点间的距离不变。

设任意两点 P,Q 在平移下的像为 P',Q',则有 $PQ=P'Q'$(如图 1.6)。

我们把在一个变换下不改变的量,称为该变换下的不变量。因此,两点间的距离是平移变换下的不变量。

(2)平移保持直线的方向不变,即平移把直线变成与它平行的直线。因而,平移保持任意两条直线的交角不变。

设相交于点 O 的两条直线 P_1P_2 和 Q_1Q_2,它们在平移下的像为直线 $P'_1P'_2$ 和 $Q'_1Q'_2$,相交于 Q',则有 $\angle P_2OQ_2=\angle P'_2O'Q'_2$(如图 1.7)。

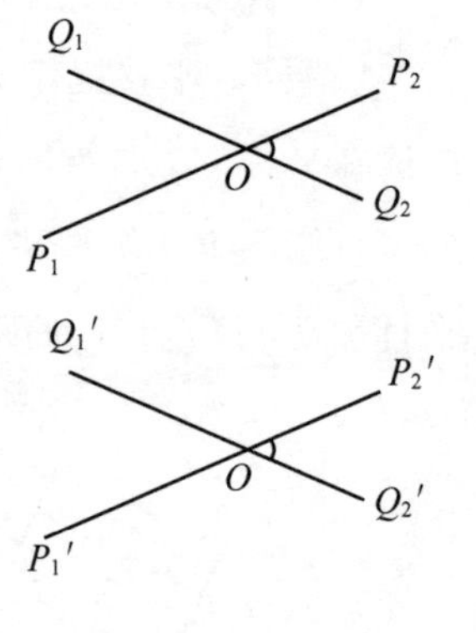

图 1.7

特别地,如果只平移一条直线(或线段),则它和它的像与另一条固定直线的交角大小不变,如图 1.6(a)中,直线 l 固定,PQ 的像为 $P'Q'$,则有$\angle 1=\angle 1'$。

因此,两条直线的交角也是平移变换下的不变量。

根据平移的上述性质 1,在解题时,我们可以运用平移来搬动某一条线段,而不改变它的长度和方向,也可以搬动某个角,而不改变它的大小。

例 1 在$\triangle ABC$ 中,D,E 和 F 分别是边 BC,CA 和 AB 上的

点，且

$$\frac{BD}{BC}=\frac{CE}{CA}=\frac{AF}{AB}。$$

求证：线段 AD，BE 和 CF 中任意两条之和大于第三条。

看到要求证的结论，立刻会想到三角形两边之和大于第三边的定理。但是，图中 AD，BE 和 CF 的位置(如图 1.8)并不是顺次相接地围成一个三角形。为了能应用上述定理，我们必须适当搬动这些线段的位置，证明它们能够依次首尾相连围成一个三角形。搬动线段最简单的方法是平移。

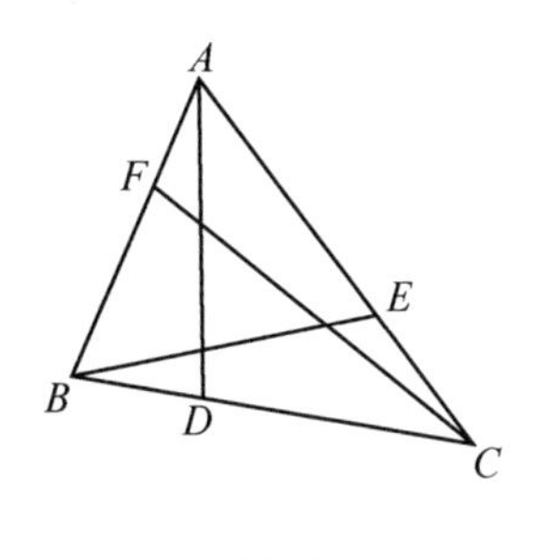

图 1.8

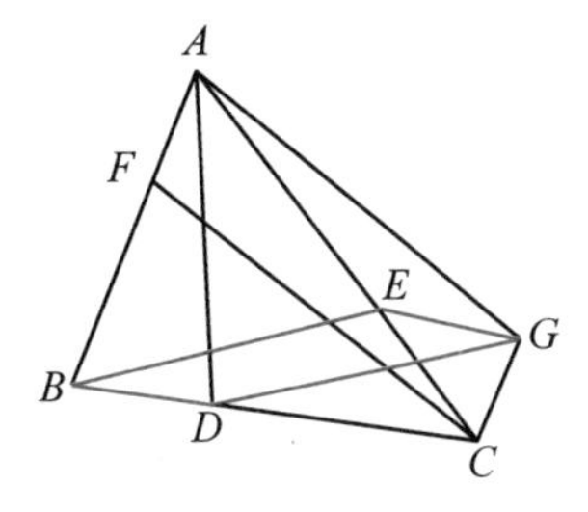

图 1.9

我们保持线段 AD 不动，将线段 BE 沿着 BD 平移到 DG(如图 1.9)，只需证明 $AG=FC$ 就行了。

由 $BE \underline{\parallel} DG$ 得到 $\square BDGE$，从而 $EG \underline{\parallel} BD$。要证 $AG=FC$，只需证明四边形 $AFCG$ 是平行四边形，为此只需证明 $GC \underline{\parallel} AF$。

为了应用题设的比例关系，我们考察 $\triangle CGE$ 和 $\triangle ABC$。由 $EG \parallel BD$ 得 $\angle GEC=\angle ACB$，由 $EG=BD$ 及题设比例关系得 $\frac{EG}{BC}=\frac{BD}{BC}=\frac{CE}{CA}$，所以 $\triangle CGE \backsim \triangle ABC$。于是有 $\frac{CE}{CA}=\frac{CG}{AB}$，而题设 $\frac{CE}{CA}=\frac{AF}{AB}$，所以 $CG=AF$，由 $\angle ECG=\angle CAB$ 得到 $GC \parallel AF$，这

就证明了 $GC \mathrel{\underline{\parallel}} AF$。

从上例可以看出，我们用平移搬动线段时，根据平移的性质1，线段和由它平移得到的线段平行且相等，因此随之得到一个平行四边形，这样就可给解题提供某些新的信息。

例 2　设 P 是$\square ABCD$ 内部一点，且使$\angle PAB=\angle PCB$，求$\angle PBA=\angle PDA$。

已知和求证所说的四个角，分别在图 1.10 的三个三角形中，没有哪个定理用得上。我们设法把这些角搬动一下，使它们彼此之间能发生某些关系，以便能应用某个相关的定理。搬动角常用的方法之一，是将作为角的一边的线段进行平移。例如，将 BC 沿 BP 平移到 PQ，如图 1.11，得到$\square BCQP$，同时得到$\square ADQP$. 于是有$\angle CPQ=\angle PCB$ 及$\angle QPD=\angle PDA$，同时还有$\angle QDC=\angle PAB$ 及$\angle QCD=\angle PBA$。

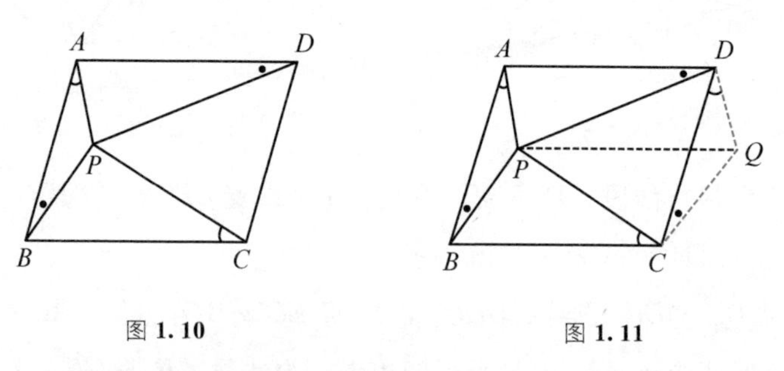

图 1.10　　　　图 1.11

于是题目转化为新的已知$\angle QDC=\angle CPQ$ 和新的求证$\angle QCD=\angle QPD$。由于这里的四个角如图 1.11 所示共处于四边形 $PCQD$ 中，由新的已知条件，可得 P，D，Q，C 四点共圆，因此新的求证成立。

根据平移的性质 1，将组成角的一边的线段平移，是搬动角的最简单的方法之一。想一想，本题若不平移线段 BC(或 AD)，而是平移线段 AB(或 DC)是否同样能解。

性质 2 平移把任一三角形变成与它全等的三角形。一般地，平移把任一图形变成与它全等的图形。[1]

设$\triangle ABC$在平移$T(\overrightarrow{AA'})$下的像为$\triangle A'B'C'$。由$AA' \mathrel{\underline{\parallel}} BB' \mathrel{\underline{\parallel}} CC'$得$AB=A'B'$，$BC=B'C'$，$CA=C'A'$，因此有$\triangle ABC \cong \triangle A'B'C'$(如图 1.12)。

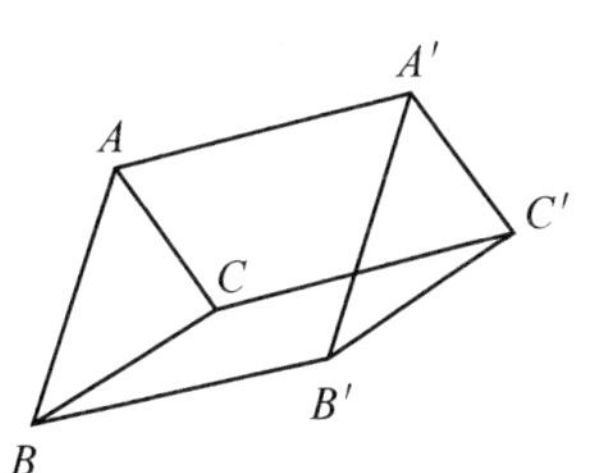

图 1.12

或者直观地看成把$\triangle ABC$(一般地，图形 F)作为一个整体，平行移动到$\triangle A'B'C'$(图形 F')的位置，由于移动过程中图形的形状和大小都没有改变，因此有$\triangle ABC \cong \triangle A'B'C'$($F \cong F'$)。

例 3 将以点 O 为圆心，r 为半径的$\odot(O, r)$依已知向量 $\boldsymbol{d}$ 进行平移，求作它的像。

圆经过平移，大小和形状都不改变，仍然是半径为 r 的圆，改变的只是圆的位置，而圆的位置由圆心的位置完全决定。作出圆心 O 作平移 $T(\boldsymbol{d})$之下的像 O'，则$\odot(O', r)$即为$\odot(O, r)$的平移 $T(\boldsymbol{d})$之下的像。如图 1.13。

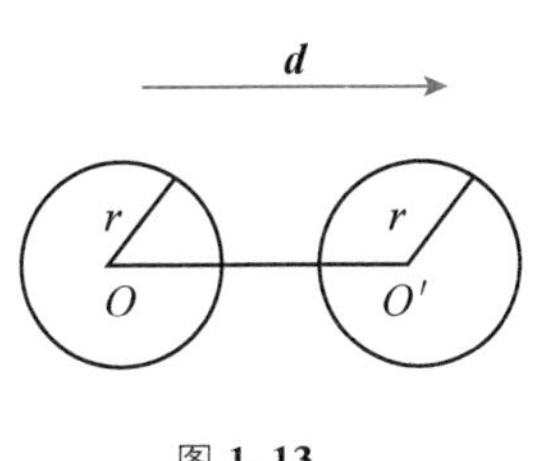

图 1.13

根据平移的上述性质 2，我们在证明几何题时，有时可以通过平移搬动某一部分图形的位置，而不改变它的大小和形状，从而使问题得到解决。

---

① 能完全重合的两个图形称为全等的(或合同的)，用符号$\cong$表示。图形 F 与 F' 全等，记为 $F \cong F'$。

例 4　在图 1.14 中，$AA'=BB'=CC'=2$，$\angle AOB'=\angle BOC'=\angle COA'=60°$，求证 $S_{\triangle AOB'}+S_{\triangle BOC'}+S_{\triangle COA'}<\sqrt{3}$。

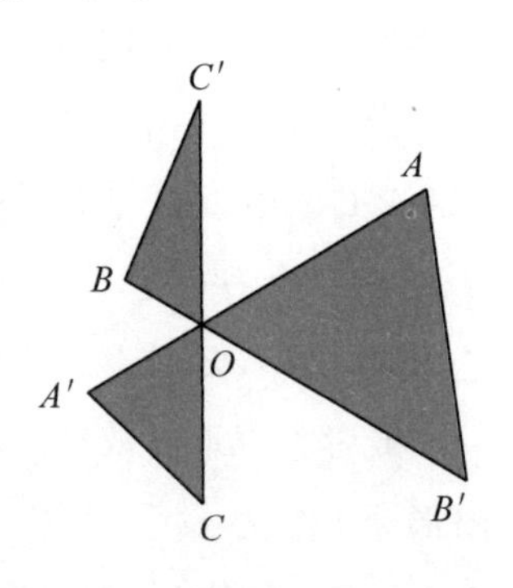

图 1.14

这个图形很像一个“三叶风车”。从已知三条线段 AA'，BB'和 CC'的长都等于 2，三个角 $\angle AOB'$，$\angle BOC'$ 和 $\angle COA'$都等于 60°，我们会想到一个边长为 2 的正三角形，而求证的不等式右端的数值$\sqrt{3}$，恰好是这个正三角形的面积。于是本题要证明的是上述“风车”的三个“叶片”面积之和，小于边长为 2 的正三角形的面积。为此，我们只需搬动这些“叶片”，设法把它们拼凑成一个边长为 2 的正三角形的一部分(或者说设法把它们镶嵌到一个边长为 2 的正三角形中)。怎样搬动这些叶片三角形呢？平移是搬动图形常用的方法之一。如图 1.15，保持$\triangle AOB'$不动，将$\triangle A'CO$ 沿 $A'A$ 平行移动到$\triangle ARP$ 的位置。于是有$\triangle ARP\cong\triangle A'CO$，且 AP 与 OA 在一条直线上，$OP=OA+AP=OA+A'O=AA'=2$。延长 PR 及 OB'，它们相交于 Q(如图 1.15)。在$\triangle POQ$ 中，$\angle POQ=60°$，$\angle OPQ=\angle A'OC=60°$，所以$\triangle POQ$ 为正三角形，且边长为 2。连接 RB'，$RQ=2-PR=2-OC=OC'$，$B'Q=2-OB'=OB$，又$\angle B'QR=60°$，所以$\triangle RB'Q\cong\triangle C'BO$(SAS)。这样，三个三角形叶片就被搬动镶嵌到边长为 2 的正三角形 POQ 中。

本题也可以通过计算来证明，但不如上述搬动(平移)三角形的方法生动直观。采用几何方法，首先需要有对问题(包括已知条件和求证结论)从几何上进行分析思考的思维习惯或几何意识，而且还要有一点对几何图形的“洞察力”(或猜想能力)，如“看出”本题实际上是证明题中的三个三角形可以镶嵌到边长为 2 的正三角形中，从而确立解题的目标和方向。

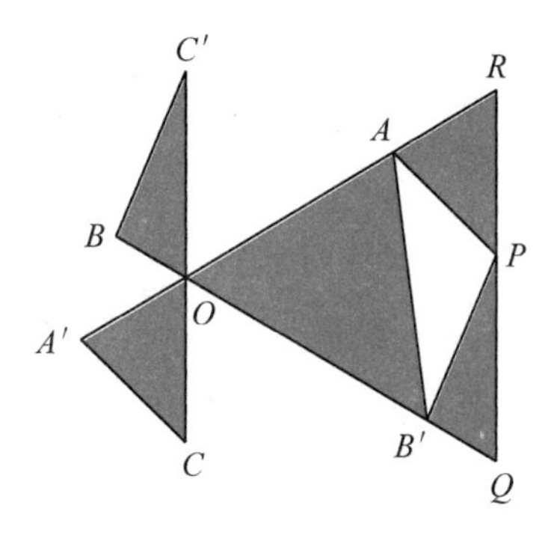

图 1.15

图 1.16

上例说明，在解题中，不仅可以应用平移搬动线段和角，而且根据平移的性质 2，我们还可以应用平移把图形的某一部分作为整体进行搬动。

应用平移解题的其他一些例子可参看下节。

§1.4 应用平移解题举例

由于图形经过平移后，形状和大小都不改变，因此我们在解一个关于某图形的问题时，若将整个图形作平移，得到的就是和原图形完全相同的图形，没有产生任何新的信息。然而如果我们只将图形的某一部分进行平移，这部分图形在平移下的像与原来图形的各个部分就会产生出一些新的关系，从而我们就可能得到一些对解题有用的新的信息。因此，只平移图形的某个部分是应用平移解题的一个特点。

例 1 给定两个圆 S_1，S_2 及直线 l_1，求作平行于 l_1 的直线 l，

使l在S_1和S_2上截得等长的弦。

假设符合要求的直线l已经作出，如图1.17，记l在圆S_1和S_2上截得的弦分别为P_1Q_1和P_2Q_2，则$P_1Q_1=P_2Q_2$。现在我们来分析P_1，Q_1，P_2，Q_2的位置有何特点，并找出确定它们的方法。由于线段P_1Q_1和P_2Q_2同在一条平行于l_1的直线上，且等长，因此若将P_1Q_1沿直线l_1的方向平移适当的距离，总可以使它与P_2Q_2完全重合。这个平移的距离如何确定呢？要使在同一直线上两等长的线段重合，只需使它们的中点重合。记弦P_1Q_1的中点为R_1，弦P_2Q_2的中点为R_2(如图1.18)，于是平移的距离应为$|R_1R_2|$。易知R_1在圆S_1的垂直于弦P_1Q_1(因而垂直于直线l_1)的直径上。R_2在圆S_2的垂直于弦P_2Q_2(因而垂直于直线l_1)的直径上，这样，$|R_1R_2|$即为垂直于l_1的两平行直径之间的距离d。由于圆S_1和S_2及直线l_1都是已知的，因此这两条平行直径可以作出，因而它们之间的距离d可以确定。若将圆S_1沿l_1的方向移动距离d得到圆S'_1，此时P_1Q_1移到P_2Q_2，即P_1，Q_1的像与P_2，Q_2分别重合。又因为P_1，Q_1的像在圆S'_1上，而P_2，Q_2在圆S_2上，所以它们是圆S'_1与圆S_2的公共点。

于是我们得到本题的如下作法(如图1.18)：

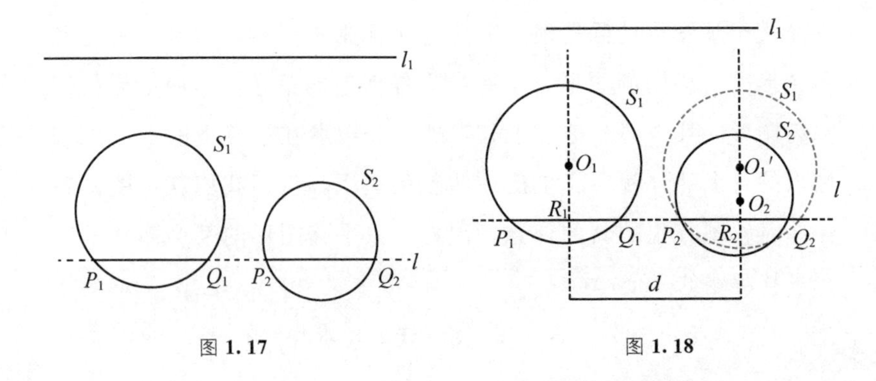

图 **1.17**　　图 **1.18**

1. 将圆 S_1 沿直线 l_1 的方向平移，平移的距离等于分别过两圆中心所作垂直于 l_1 的直线之间的距离，平移得到的圆记为 S'_1。

2. 圆 S'_1 与 S_2 的公共弦所在直线即为所求直线 l。

证明略。

讨论　圆 S'_1 与圆 S_2 若相交有一解；若不交无解；若重合有无穷多解；相切时，弦退化为一点。

例 2　如图 1.19，设 A，B 两座城市之间隔着一条河，问在河的何处架桥，可使 A 到 B 的路径最短？（设河的两岸互相平行，桥与河岸垂直）

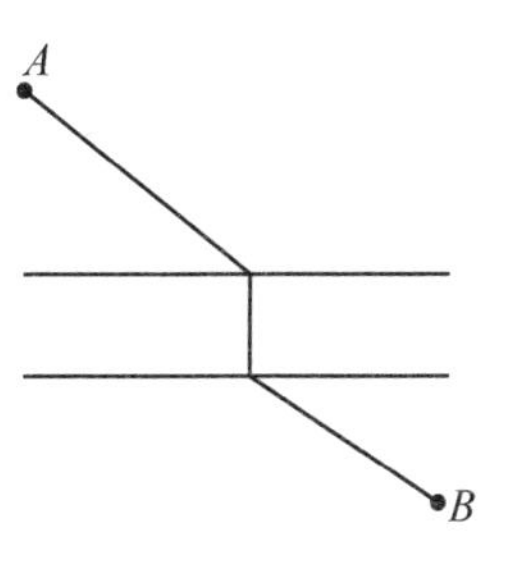

图 **1.19**

先考察一个特殊情形——A 就在河岸上。这时就在 A 处架桥 AA'（如图 1.20），A 到 B 的路径 $AA'+A'B$ 为最短。这是因为在河的其他任何地方，例如 Q 处架桥，其路径 $AQ+QQ'+O'B$ 皆比 $AA'+A'B$ 长。

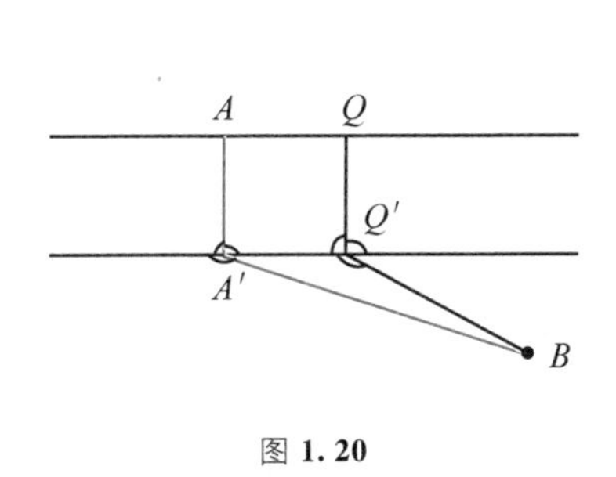

图 **1.20**

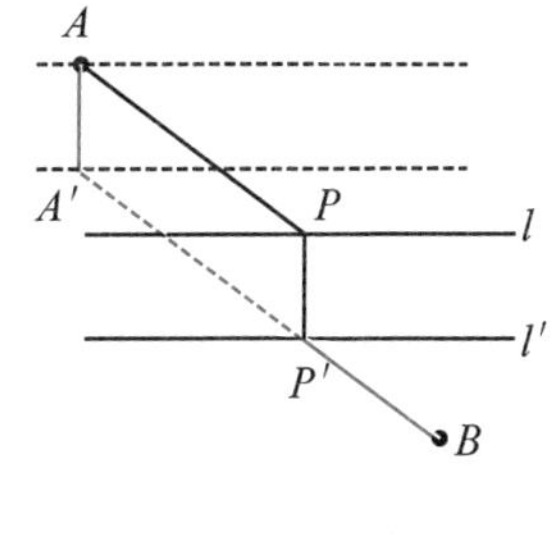

图 **1.21**

现在来看一般情形，A 不在河岸上。为了利用上述特殊情形的结果，我们假想将河“平移”到使河岸经过 A（如图 1.21），假想在 A 处架桥 AA'，连接 $A'B$，则得到 A，B 间的最短路径为 $AA'+$

$A'B$，记 $A'B$ 与实际的河岸 l' 的交点为 P'（如图 1.21），就在 P' 处架桥 PP'，则所得路径 $AP+PP'+P'B=AA'+A'B$（因为 $AA' \mathrel{\underline{\parallel}} PP'$，所以 $AP=A'P'$）即为 A，B 间的最短路径（容易证明在 l 的其他任何地方架桥，路径都比它长）。

若进一步问，当 A，B 被两条河隔开时（如图 1.22(a)），各在每条河的何处架桥，可使 A 到 B 的路径最短？隔三条河时又如何？

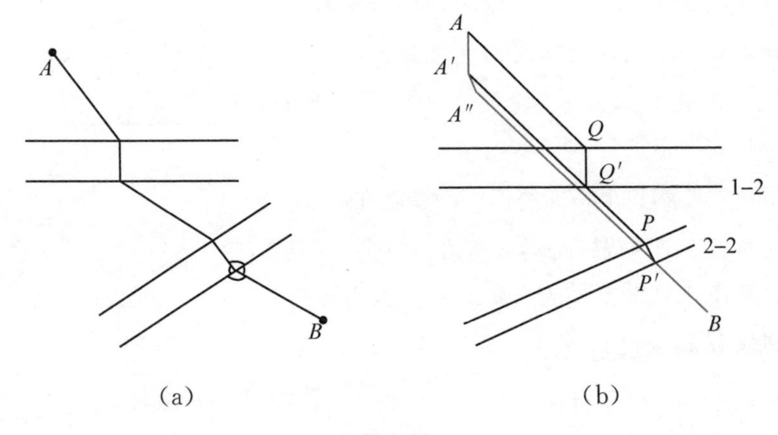

图 1.22

对于有两条河的情形，如图 1.22(b)，

1. 过 A 作 AA' 垂直于第一条河的河岸，且等于第一条河的河宽，再作 $A'A''$ 垂直于第二条河的河岸，且等于第二条河的河宽。

2. 连接 $A''B$，与第二条河的岸边 2-2 交于 P'，在 P' 处架桥 PP'。

3. 连接 $A'P$，与第一条河的岸边 1-2 交于 Q'，在 Q' 处架桥 QQ'。

这时，A，B 间的路程

$$AQ+QQ'+Q'P+PP'+P'B$$

是最短的(证明略)。

例 3　在平面上任意画出 7 条直线，若其中没有两条互相平行，则其中必有两条的交角小于 26°。

由于没有两条直线互相平行，因此每一条都与其他 6 条相交。又每两条直线都交出互补的两个角，如此众多的角(如图 1.23)，看起来真叫人眼花缭乱，该从何入手呢？

我们知道，两条直线交角的大小，只和这两条直线的方向有关，而和它们在平面上的位置无关。因此只要保持它们各自的方向不变，就不会改变交角的大小。于是想到将所画 7 条直线分别平移，使其通过同一点(经过平移，这 7 条直线彼此之间的交角，一个也没有改变)。这样，就把一个一般的情形(如图 1.23)变成一个特殊的情形(如图 1.24)。而对于这个特殊情形，易证命题成立，因此对于一般情形命题也成立。

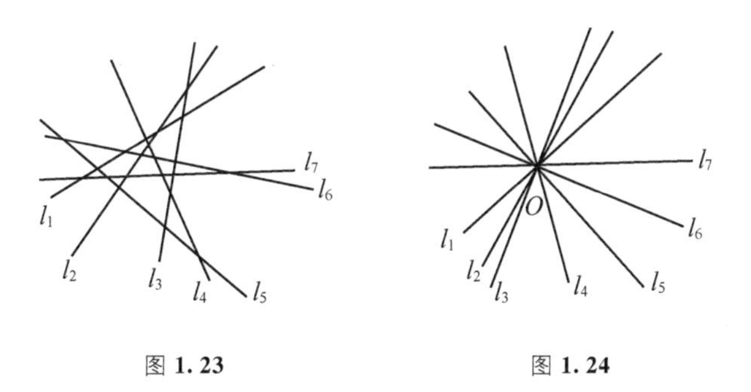

图 1.23　　图 1.24

对特殊情形的证明如下：设 7 条直线通过同一点 O(如图 1.24)，于是相邻两直线的交角共有 14 个(分成 7 对)，它们构成一个周角 360°，因此平均每个角为 $\frac{360°}{14}\approx 25.7°$。这样，其中至少有一个角要小于 26°(否则所有的角都大于或等于 26°，14 个角之和必大于或等于 364°，比一个周角还要大，这不可能)。

由于图形经过平移后，形状和小大都不改变，并且对应线段平行且相等，因此，我们常常运用平移搬动图形中的某些线段或直线，某个三角形或某个圆等，从而使分散的条件集中起来，或产生一些新的关系，为应用有关定理创造条件，使问题得到解决。这就好比打仗时敌人躲在设防坚固的工事里，打不到他，我们就想方设法把敌人“调动”出工事，使之暴露在我军炮火之下，于运动中歼灭之。

搬动图形最常用的方法，除了本章讲的平移之外，将图形绕定点旋转，或将图形以某条定直线为轴作反射，也是常用的方法，我们将在下两章中分别介绍它们。

习题 1

1. 如图 1.25，给定两个圆 S_1 和 S_2 及一条直线 l，求作一条平行于 l 的直线 l'，使得它与 S_1 和 S_2 的两个交点 P，Q 之间的距离等于定值 a。

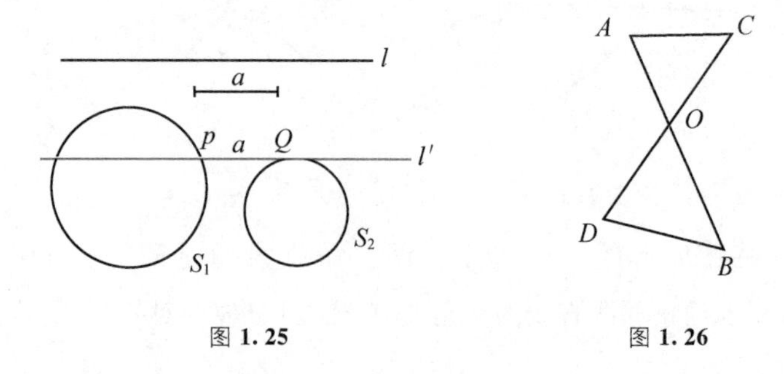

图 1.25　　图 1.26

2. 如图 1.26，两条长为 1 的线段 AB 与 CD 相交于 O，且 $\angle BOD=60°$，求证 $AC+BD>1$。

3. 如图 1.27，在等腰三角形 ABC 的两腰 AB 和 AC 上，分别

取点 E 和 F，使 $AE=CF$，已知 $BC=2$，求证：$EF\geqslant 1$。

4. 如图 1.28，在等腰三角形 ABC 中，$AB=AC$，延长边 AB 到点 D，延长边 CA 到点 E，连接 DE，恰有 $AD=BC=CE=DE$，求$\angle BAC$ 的度数。

5. 如图 1.29，六边形 $ABCDEF$ 中，对边互相平行：$AB/\!/DE$，$BC/\!/EF$，$CD/\!/AF$；对边之差相等：$DE-AB=BC-EF=AF-CD>0$。求证：该六边形各角相等。

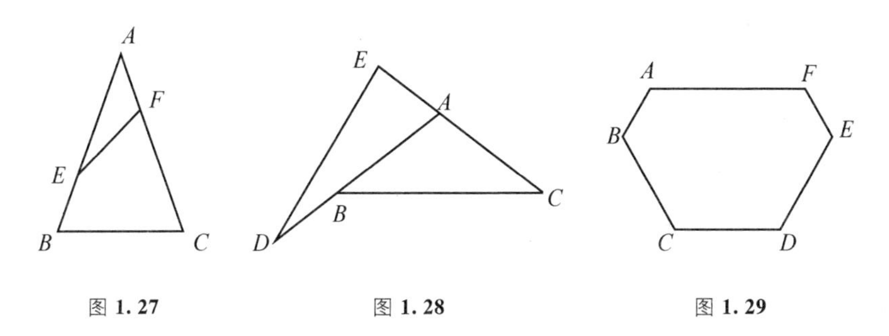

图 1.27　　图 1.28　　图 1.29

§ 2. 将图形旋转

先看一个例子。

已知在凸四边形 $ABCD$ 中，$AB=AD$，$\angle BAD=60°$，$\angle BCD=30°$，求证 $BC^2+DC^2=AC^2$。

当我们看到求证中等式具有的形式时，立刻就会想到勾股定理，但是图(如图 2.1)中的 BC，DC 和 AC 并不围成一个三角形。为了证明求证的结论成立，我们需要设法搬动这些线段，使之围成一个三角形，并证明它是满足求证要求的直角三角形。

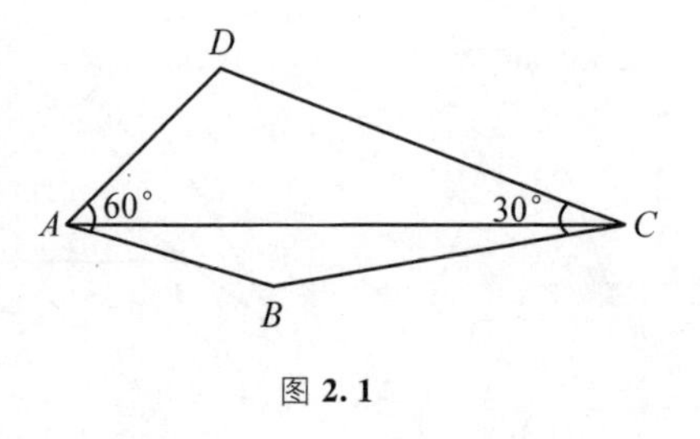

图 2.1

注意到 $AB=AD$，$\angle BAD=60°$，因此将线段 BA 绕点 A 逆时针方向旋转 60°，正好到达 DA 的位置。点 B 变到点 D，这时 $\triangle ABC$(看成一个整体，例如一块三角形硬纸片)与线段 BA 一起也绕点 A 旋转了 60°，到达 $\triangle ADC'$的位置(如图 2.2)。在旋转过程中，$\triangle ABC$ 的形状和大小都没有改变，即 $\triangle ABC\cong\triangle ADC'$。对应地，$DC'=BC$，$AC'=AC$，$\angle DAC'=\angle BAC$，$\angle DC'A=\angle BCA$。由 $\angle BAD=60°$ 得 $\angle CAC'=60°$，因而

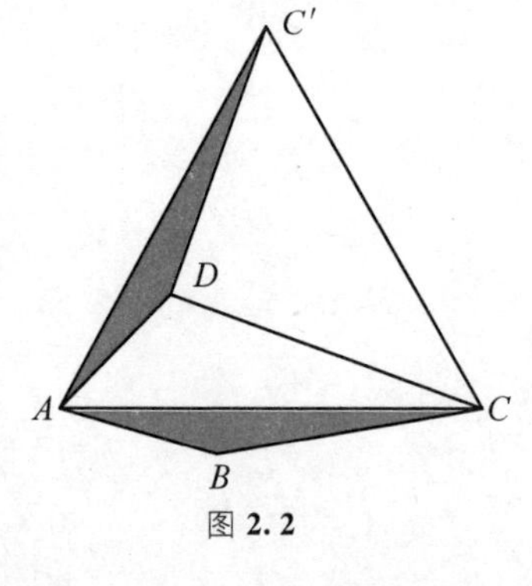

图 2.2

$\triangle ACC'$为正三角形，$CC'=AC$。这样，$\triangle DCC'$三边的长恰为BC，DC和AC。于是求证转化为：

$$DC'^2+DC^2=CC'^2。$$

由于$\angle DCC'=\angle ACC'+\angle BCA-\angle BCD$

$$=60^\circ+\angle BCA-30^\circ=30^\circ+\angle BCA$$

及$\angle DC'C=\angle AC'C-\angle AC'D=60^\circ-\angle BCA$，

因此$\angle C'DC=180^\circ-(\angle DCC'+\angle DC'C)=90^\circ$，

即$\triangle DCC'$恰是以CC'为斜边的直角三角形，因而等式(1)成立。

在上述解题过程中，我们把线段AB连同$\triangle ABC$绕点A按逆时针方向旋转60°，变成了线段AD和$\triangle ADC'$，从而把线段BC搬到DC'的位置。可见旋转和上一章的平移一样，也是搬动线段和图形常用的一种方法。本章将介绍旋转变换的概念、性质及它在解题中的应用举例，还将介绍旋转的一种特殊情形——中心对称。

§2.1 旋转变换的概念和性质

在平面上，已知一个定点O，将平面上任一点P，绕点O旋转一个定角θ(规定逆时针方向转动时角θ为正，按顺时针方向转动时角θ为负)得到点P'(如图2.3)。平面上将点P变成点P'的上述变换，叫旋转变换，简称旋转。上述定点O叫旋转中心，定角θ叫旋转角。点P和P'称为旋转变换下的一对对应点，P'称为P的像，P称为P'的原像。描述一个旋转变换，既要指明旋转中心，又要指明旋转角，或者说，一个旋转变换由旋转中心O和旋转角θ完全

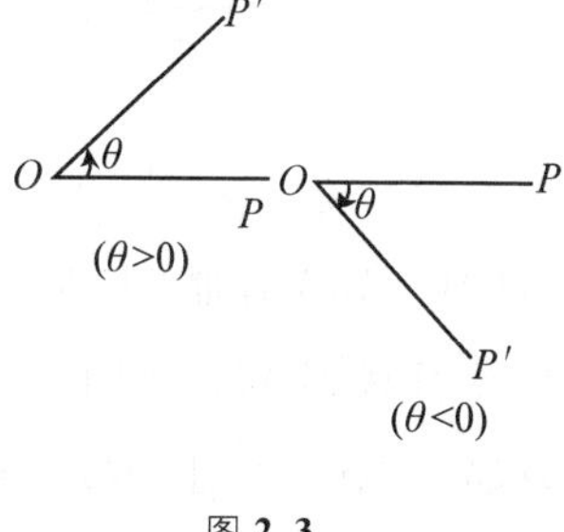

图 2.3

决定。我们常用记号 $R(O, \theta)$表示以 O 为旋转中心，旋转角为 θ 的旋转变换。

由旋转变换的概念，我们得到：若 P 和 P' 是旋转 $R(O, \theta)$下的一对对应点，则 $OP=OP'$ 且 $\angle POP'=\theta$。

由组成图形 F 的所有点在旋转 $R(O, \theta)$下的像(点)所组成的图形 F'，称为图 F 在该旋转下的像。由于是将整个图形 F 上的所有点都绕同一点 O 旋转同一个角度 θ，因此我们可以直观地看成是将整个图形作为整体绕点 O 旋转 θ 角，这样，我们可以把由图形 F 绕定点 O 旋转 θ 角所得到的图形 F'，称为图形 F 在旋转 $R(O, \theta)$下的像。

旋转变换有如下性质：

1. 旋转变换是平面上的一一变换。

这是由于对于任意一个旋转来说，平面上任何两个不相同的点的像仍不相同，且平面上任一点都可由某一点经过该旋转得到，即每一点都有原像。

2. 恒同变换是旋转变换。

我们可以把恒同变换 I 看成是以任一点 O 为旋转中心，旋转角为零的旋转变换，即 $I=R(O, 0)$。

3. 任一旋转变换的逆变换仍是旋转变换。

旋转变换 $R(O, \theta)$的逆变换是保持旋转中心 O 和旋转角 θ 的绝对值不变，而把旋转的方向反过来(把顺时针方向改为逆时针方向，把逆时针方向改为顺时针方向)的一个新的旋转变换，即

$$[R(O, \theta)]^{-1}=R(O, -\theta)。$$

4. 旋转中心相同的两个旋转变换的乘积仍然是一个有同一旋转中心的旋转变换。

这是由于绕同一个点 O 连续进行两次旋转的结果，相当于绕该点旋转一次，旋转角为两次的旋转角之和，即

$$R(O,\ \theta_2)\cdot R(O,\ \theta_1)=R(O,\ \theta_1+\theta_2)。$$

由于旋转角可能是正的，也可能是负的，因此这里的和是“代数和”。例如，第一次的旋转角 $\theta_1=\frac{\pi}{2}$（即逆时针方向转动 90°），第二次的旋转角 $\theta_2=-\frac{\pi}{3}$（即顺时针方向转动 60°），则接连两次旋转的结果，相当于绕点 O 按逆时针方向转动 30°，即旋转角为

$$\theta_1+\theta_2=\frac{\pi}{2}+\left(-\frac{\pi}{3}\right)=\frac{\pi}{6}。$$

当连续施行的两个旋转变换的旋转中心不相同时，结果还会是一个旋转变换吗？我们将在§3.3中进行讨论。

5. 除恒同变换外，旋转变换有唯一的不动点——旋转中心。

如果一个点与它在变换 f 下的像重合，我们就称该点是变换 f 的一个不动点（或不变点）。直观地说，一个变换的不动点就是在该变换下不变的点。旋转中心是在旋转变换下保持不变的唯一一个点，因此它是旋转变换的唯一不动点。

§2.2 图形在旋转下不变的性质和不变量

1. 设任意两点 A，B 在旋转 $R(O,\ \theta)$ 下的像为 A'，B'，则 $AB=A'B'$

事实上，如图 2.4，由于 A，A' 是 $R(O,\ \theta)$ 下的一对对应点，因而 $OA=OA'$，$\angle AOA'=\theta$，同理 $OB=OB'$，$\angle BOB'=\theta$，因此，$\angle AOA'=\angle BOB'$，从而得 $\triangle AOB\cong\triangle A'OB'$，于是得 $AB=A'B'$。

我们把上述结论叙述为：

性质 1　旋转保持任意两点间的距离不变，或者说，两点间的距离是旋转下的不变量。

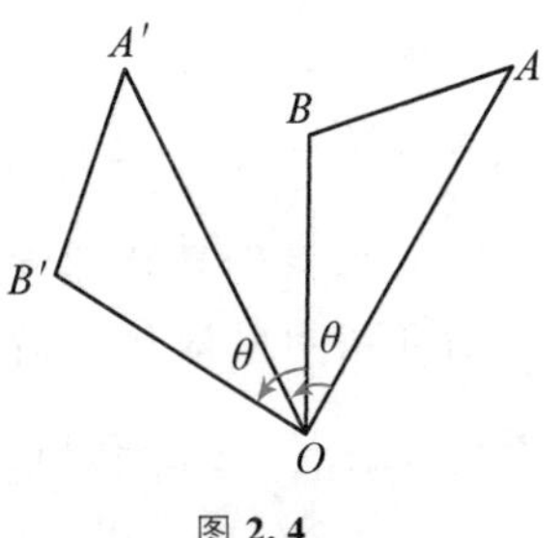

图 2.4

由性质 1 我们立即可以得到：在旋转变换下共线三点的像仍然共线，不共线三点的像仍然不共线，直线的像仍然是直线，线段的像仍然是线段，三角形的像仍然是三角形。

2. 设不共线三点 A，B，C 在旋转 $R(O,\ \theta)$ 下的像分别为 A'，B'，C'，则 $\angle ABC=\angle A'B'C'$

事实上，如图 2.5，由性质 1 得 $AB=A'B'$，$BC=B'C'$，$CA=C'A'$。因而 $\triangle ABC\cong\triangle A'B'C'$，从而可得 $\angle ABC=\angle A'B'C'$，这个结论可叙述为：

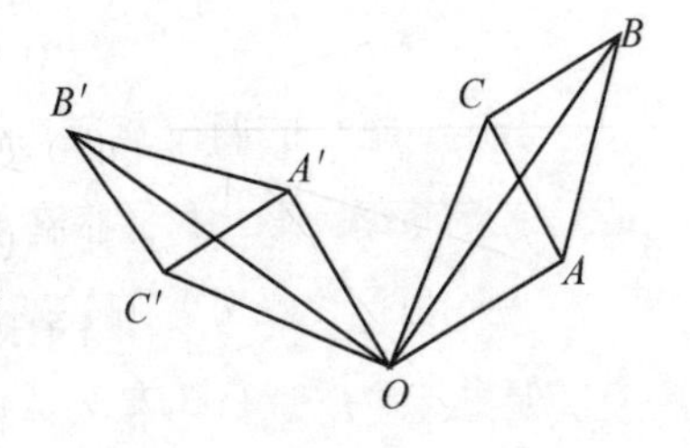

图 2.5

性质 2　旋转保持任意一个角的大小不变，或者说，角度是旋转下的不变量。

由上述推导过程中的 $\triangle ABC\cong\triangle A'B'C'$，可得：

性质 3　旋转把任一三角形变成与它全等的三角形。一般地，旋转把任一图形变成与它全等的(或说合同的)图形。

这个性质可以从直观上了解为，把图形看成一个整体，且各点之间的联系是刚性的，即任意两点之间的距离始终不改变，因此在旋转过程中，图形的形状和大小都不改变，这样旋转后得到的图形与原图形形状和大小都相同，即全等(或合同)。

根据上述性质 1，2，3，我们可以应用旋转来搬动线段、角、三角形等。

例 1　已知在正三角形 ABC 内有一点 P，使 $AP=3$，$BP=4$，$CP=5$(如图 2.6)，求正三角形 ABC 的面积。

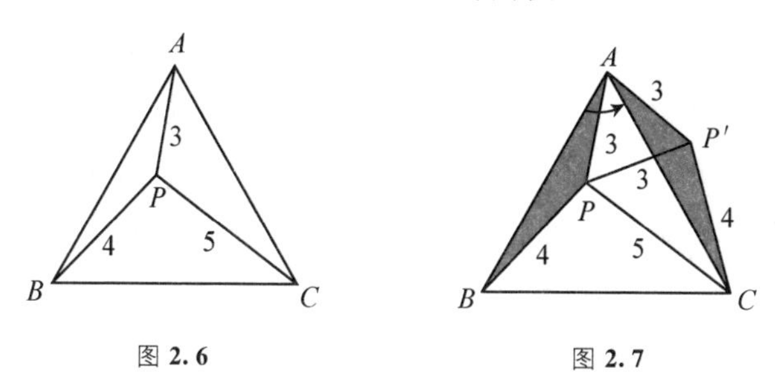

图 2.6　　　　图 2.7

分析与解　看到 3，4，5 立即会想到以它们为边长的三角形是直角三角形，可以得到其中一个角是直角的信息。但 AP，BP，CP 在图 2.6 中并不围成一个三角形，于是想到把它们搬动一下，使之围成一个三角形。由于 $AB=AC$，$\angle BAC=60°$，于是想到如图 2.7 把 AB 绕 A 逆时针方向旋转 60°，转到 AC 的位置，使 B 变到 C。这时$\triangle ABP$ 随之变到$\triangle ACP'$的位置，P 变到 P'，BP 变成 CP'。而且 PP'恰好等于 AP(因为 $AP=AP'$，$\angle PAP'=60°$，所以$\triangle APP'$为正三角形)。于是$\triangle PCP'$的边长恰为 3，4，5，因而是直角三角形，$\angle PP'C=90°$。这样可得$\angle AP'C=150°$，因此 AC 可求。

$$
\begin{aligned}
AC^2 &= AP'^2+CP'^2-2AP'\cdot CP'\cos\angle AP'C\\
&=3^2+4^2-2\times 3\times 4\cos 150°=25+12\sqrt{3}。
\end{aligned}
$$

于是正三角形 ABC 的面积为

$$
\frac{1}{2}AC^2\sin 60°=\frac{1}{2}(25+12\sqrt{3})\times\frac{\sqrt{3}}{2}=9+\frac{25}{4}\sqrt{3}。
$$

3. 设 A，B 在旋转 $R(O,\ \theta)$ 下的像分别为 A'，B'，则 AB 与 $A'B$ 的夹角等于 θ

事实上，以 OA，AB 为邻边作▱$OABC$，如图 2.8，于是有

$OC /\!/ AB$。作出点A，B，C在旋转$R(O, \theta)$下的像A'，B'，C'，则四边形$OA'B'C'$亦为平行四边形，于是有$OC' /\!/ A'B'$。由于$\angle COC'=\theta$，即OC与OC'的夹角为θ，所以AB与$A'B'$的夹角亦为θ，这个结论可叙述为

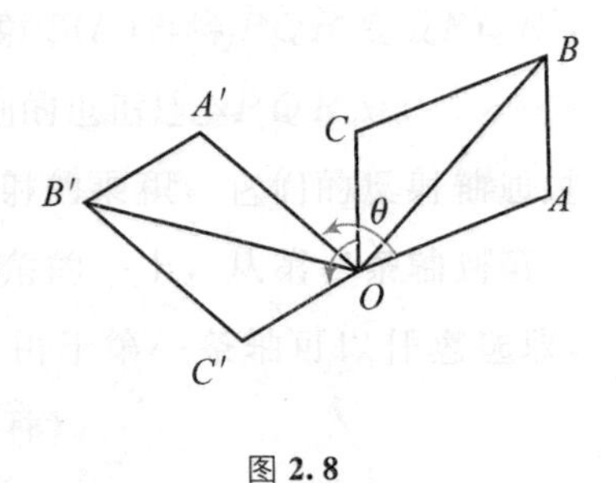

图 2.8

性质 4　旋转变换下任意一对对应直线的夹角都等于旋转角。

例 2　在$\triangle ABC$外侧作正方形$ABEF$和正方形$ACGH$，P和Q分别是它们的中心，M和N分别为BC和FH的中点，试证四边形$MQNP$是一个正方形(如图 2.9)。

分析与证　先证四边形$MQNP$是平行四边形，再证两邻边相等且垂直$PM=MQ$，$PM\perp MQ$。

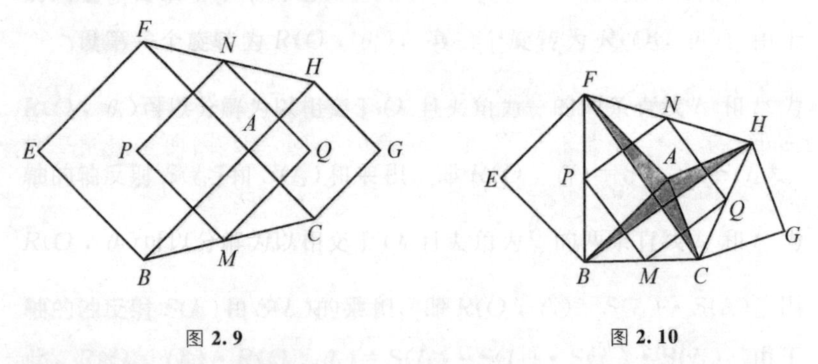

图 2.9　　　　图 2.10

如图 2.10，连接FB，HC，则P和Q分别是FB和HC的中点。连接FC，HB，则有$NQ \underline{\underline{/\!/}} \frac{1}{2}FC$，$PM \underline{\underline{/\!/}} \frac{1}{2}FC$，因此$NQ \underline{\underline{/\!/}} PM \underline{\underline{/\!/}} \frac{1}{2}FC$，四边形$MQNP$是平行四边形。同理，$PN \underline{\underline{/\!/}} MQ \underline{\underline{/\!/}} \frac{1}{2}BH$。因此，要证$PM=MQ$且$PM\perp MQ$，只需证明

$$FC = BH \text{ 且 } FC \perp BH。$$

由于四边形 $ABEF$ 为正方形，因此 AF 可以看成由 AB 绕点 A 顺时针旋转 $90°$得到。同理 AC 可以看成由 AH 绕点 A 顺时针旋转 $90°$得到。于是在上述旋转 $R(A, -90°)$下，点 B 的像为点 F，点 H 的像为点 C，因此线段 BH 的像为线段 FC。根据性质 1 和 4 即可得 $BH=FC$ 且 $BH \perp FC$。

注　本题若不用旋转，虽然 $BH=FC$ 可用全等三角形证明，但 $BH \perp FC$ 则不易证明，上述证法显示了性质 4 的作用。

§2.3 应用旋转解题举例

1. 通过旋转搬动线段

本章开头的引例和 §2.2 的例 1，都是通过旋转搬动线段，从而把分散的条件集中到一起，以便直接应用某个定理的例子。再看一例。

例 1　平原上有不位于同一条直线上的三个村子，今欲共挖一眼井，问在何处挖井方可使通向三个村子的输水管线的总长度最短？

把实际问题转化为纯数学问题则为：

已知$\triangle ABC$，求一点 P，使 $PA+PB+PC$ 最小(如图 2.11)。

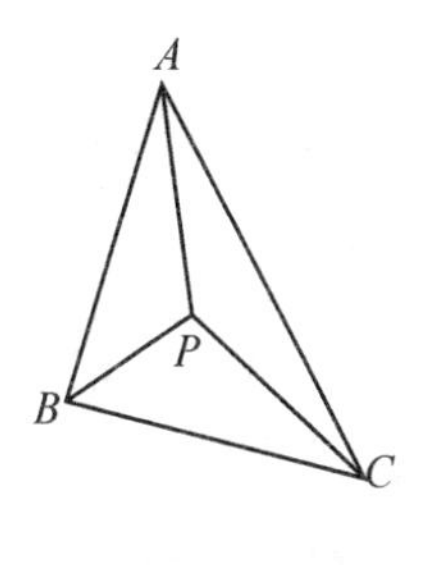

图 **2.11**

分析　要比较三条变动的线段之和的大小，须设法搬动它们，使之连接成一条折线，且使折线的两端是定点，则两个定端点之间的直线段长，就是该折线长的最小值，也就是所求三条变动的线段之和的最小值。

设 P_0 是$\triangle ABC$ 内任一点，我们先来求 $P_0A+P_0B+P_0C$ 的最

小值。通过旋转来搬动线段 P_0C。将 AC 绕顶点 A 逆时针方向旋转一个定角 θ，到达 AC' 的位置(如图 2.12)，则点 C' 是一个定点。这时 $\triangle AP_0C$ 跟随 AC 一起旋转，到达 $\triangle AP'_0C'$ 的位置。于是 P_0C 变成 P'_0C'，且 $\triangle AP_0P'_0$ 是一个顶角 $\angle P_0AP'_0=\theta$ 的等腰三角形。于是只需使 $P_0P'_0=AP_0$，就有折线长 $BP_0+P_0P'_0+P'_0C'=AP_0+BP_0+CP_0$。为此只需使 $\triangle AP_0P'_0$ 为正三角形，即取旋转角 $\theta=60°$。于是得到，当 $\triangle ABC$ 的最大角小于 $120°$ 时(如图 2.12)，在旋转 $R(A,\ 60°)$ 之下，

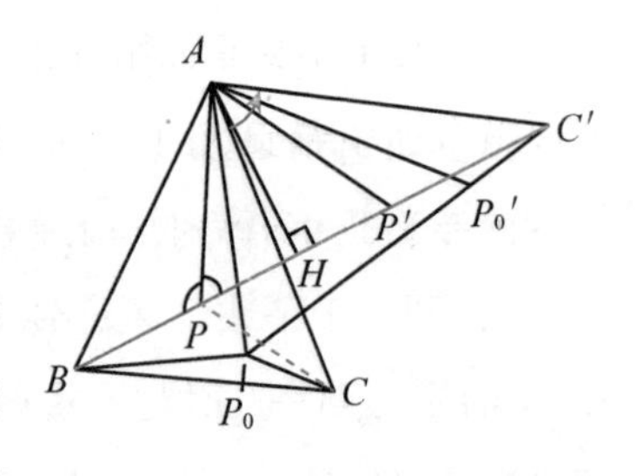

图 2.12

$$AP_0+BP_0+CP_0=BP_0+P_0P'_0+P'_0C'\geqslant BC'。$$

此处 C' 是 C 在 $R(A,\ 60°)$ 之下的像，是一个定点，即 $AP_0+BP_0+CP_0$ 的最小值为 BC'。

现在来求点 P，使 $AP+BP+CP=BC'$。设 P 在 $R(A,\ 60°)$ 下的像为 P'，则要求 $BP+PP'+P'C'=BC'$，即要求 P 及 P' 在直线段 BC' 上(如图 2.12)。

由于 $\triangle APP'$ 是正三角形，$\angle APP'=\angle AP'P=60°$，因此 $\angle APB=120°$，$\angle APC=\angle AP'C'=120°$。于是得到所求的点 P 是 $\triangle ABC$ 内对三边所张的角皆为 $120°$ 的点。

上述点 P 的作法如下：

将 AC 绕 A 逆时针方向旋转 $60°$(如图 2.12)到达 AC'，连 BC'，过 A 作 BC' 的垂线 AH 交 BC' 于 H，再自 A 向 AH 的 B 点一侧作与 AH 夹角为 $30°$ 的射线，此射线与 BC' 的交点即为所求点 P。

当 $\triangle ABC$ 的最大角 $\angle BAC\geqslant 120°$ 时，$\angle BAC+60°\geqslant 180°$，上

述讨论不再适用，需另行讨论(如图2.13)。将AC绕A逆时针方向旋转$(\pi-\angle BAC)$，到达BA的延长线上AC'的位置。C'为一定点。$\triangle APC$跟随AC一起旋转到$\triangle AP'C'$的位置。

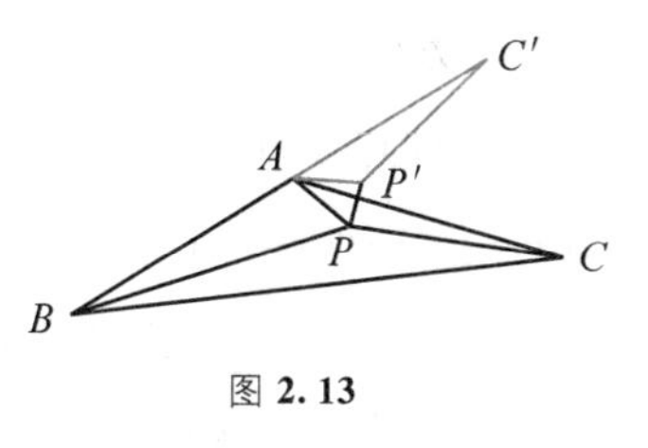

图 2.13

于是$P'C'=PC$，$AP'=AP$，$\angle PAP'=\pi-\angle BAC\leqslant 60°$，所以$PP'\leqslant AP$。于是

$$AP+BP+CP\geqslant BP+PP'+P'C'\geqslant BC'=BA+AC'=BA+AC。$$

即这时$AP+BP+CP$的最小值为$BA+AC$。当点P位于顶点A时$AP+BP+CP$取得最小值$BA+AC$。即当$\triangle ABC$的最大角大于或等于120°时，最大角的顶点就是所求的到三个顶点距离之和为最小的点。

据说，上述求到三角形的三个顶点的距离之和为最小的点的问题，最初是由17世纪法国数学家费马(Fermat，1601—1665)提出的。因此，三角形中到三个顶点距离之和最小的点，也称为三角形的费马点。

2. 用运动的观点解题

在平面几何中，常常遇到证明线段和角相等的问题。我们知道，全等三角形是证明线段和角相等常用的方法之一，然而在图形中并不刚好总有合适的全等三角形，因此构造合适的全等三角形，常常成为添加辅助线的考虑目标。怎样才能构造出合适的全等三角形呢？如果我们从运动的观点来考虑，则相等的线段，相等的角，全等的三角形，可以看成是由一个线段，一个角或一个三角形，经过搬动得到。而旋转是搬动图形最常用的方法之一，特别是当图形中有等腰三角形，正三角形或正方形时，更为旋转提供了方便的条件。例如，对于等腰三角形，把一腰绕顶点旋转顶角这么大的角度，就可与另一腰重合；对于正三角形，把一边线该边的一个端点旋转 60°，就可与它的邻边重合；对于正方形，则需旋转 90°。在上述这些旋转下，与被旋转的线段相连的有关图形，例如某个三角形，也跟随一起旋转，即可得到一个与之全等的三角形。可见运用旋转可以帮助我们构造出合适的全等三角形。

例 2　在正三角形 ABC 中，三边 AB，BC 和 CA 的中点分别为 P，Q 和 R，M 为 QC 上任一点，且 $\triangle PMS$ 为正三角形，如图 2.14，求证 $QM=RS$。

分析　我们从运动的观点来考察线段 RS 与 QM 的关系。

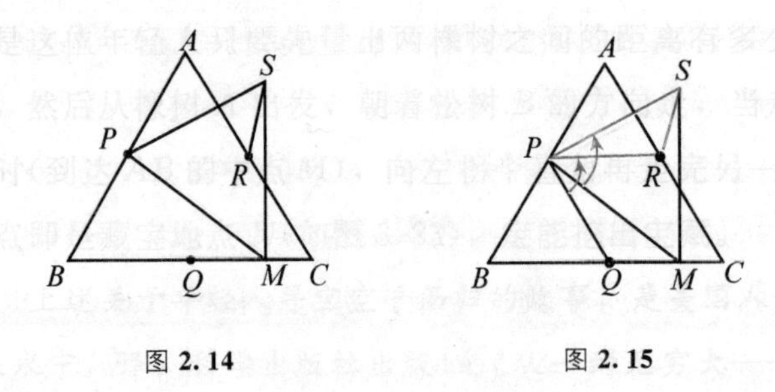

图 2.14　　图 2.15

由于 P，Q，R 是正三角形 ABC 三边的中点，因此 $\triangle PQR$ 亦为正三角形，于是 PQ 绕点 P 逆时针旋转 60°，变成 PR，如图 2.15。由于 $\triangle PMS$ 也是正三角形，因此在上述旋转 $R(P, 60°)$ 下，PM 变成 PS，$\triangle PQM$ 变成 $\triangle PRS$，所以 $QM=RS$。

由上述分析，我们很自然会添加辅助线 PR 和 PQ，然后由 $\triangle PQM \cong \triangle PRS$ 得到 $QM=RS$。

这个例子告诉我们，从运动的观点(旋转)分析图形中的关系，可以帮助我们构造出合适的全等三角形。

例 3　如图 2.16，已知定点 A 和定圆 S，求顶点 N 位于圆 S

上的正三角形 ANM 的顶点 M 的轨迹。

分析 我们用运动的观点来分析点 M 与点 N 的关系。

由于 A 为定点，$\triangle ANM$ 为正三角形，因此点 M 可以看成是由点 N 绕定点 A 旋转 60°得到(如图 2.16)。这样，由圆 S 上每一个点 N 就旋转得到一个点 M。因此点 M 的集合就是圆 S 上全体点在旋转 $R(A,\ 60°)$ 下的像的集合，也就是圆 S 在上述旋转下的像——仍是一个圆，即由圆 S 绕定点 A 旋转 60°所得到的圆。由于可以逆时针旋转，也可以顺时针旋转，因此本题有两解，如图 2.17。

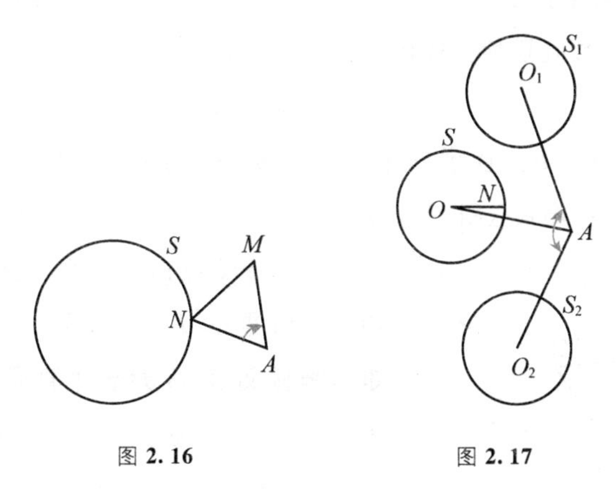

图 **2.16** 图 **2.17**

设圆 S 为 $\odot(O,\ r)$，点 O 在旋转 $R(A,\ -60°)$ 下的像为点 O_1，在旋转 $R(A,\ 60°)$ 下的像为点 O_2，则 $\odot(O_1,\ r)$ 和 $\odot(O_2,\ r)$ 即圆 S_1 和 S_2 就是所求 M 点的轨迹。

本题如果不从旋转来分析点 M 与点 N 之间的关系，则需要先作出很多符合要求的正三角形，看一看是否能看出点 M 的轨迹是什么图形。先猜后证，将相当费事。而从旋转来分析，既直观生动，又轻而易举。若用解析几何方法来做(包括使用极坐标)也不会如此简单，学过解析几何的读者不妨试一试，作一比较。

§2.4 旋转的特例——中心对称

1. 中心对称的概念和性质

现在我们来考察旋转的一个特殊情形——旋转角为180°的旋转。

设O为旋转中心，任一点P在旋转$R(O, 180°)$下的像为P'(如图2.18)，则P和P'的连线段PP'必通过旋转中心O，且被O平分，即P和P'关于旋转中心O对称。由于旋转$R(O, 180°)$把平面上任一点P变成它关于点O的对称点P'，因此旋转$R(O, 180°)$又称为**中心对称变换**，简称**中心对称**。此时旋转中心O即为**对称中心**，中心对称由对称中心完全决定。

由上述中心对称的概念我们得到，任一图形F与它在中心对称$R(O, 180°)$下的像F'，关于点O为中心对称。这样，要求一个图形关于某个定点为中心对称的图形，只需将该图形绕该定点旋转180°即可得。例如，将$\triangle PQR$绕点O旋转180°，即可得$\triangle PQR$关于点O中心对称的图形$\triangle P'O'R'$(如图2.18)

已知定点O及直线l，求直线l的以点O为对称中心的对称图形。

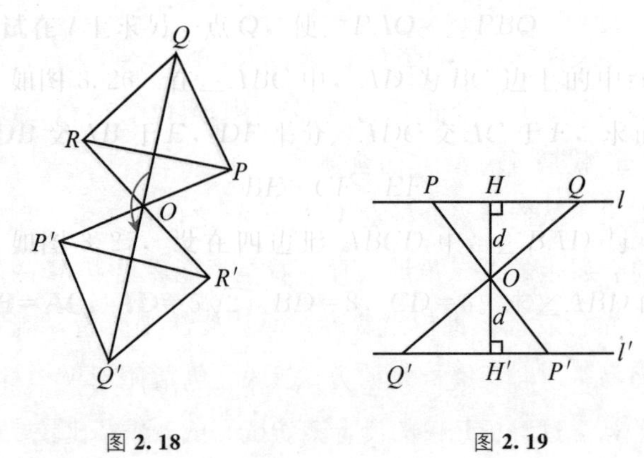

图2.18　　图2.19

由§2.2性质4知，直线l在旋转$R(O, 180°)$下的像为直线l'，且l与l'的夹角等于旋转角180°。于是得l'与l平行，并且l和l'(在O两侧)与点O等距离(设自O向l作垂线，垂足为H(如图2.19)，记H在$R(O, 180°)$下的像为H'，则H'在l'上，$OH' \perp l'$，且$OH'=OH$)。于是我们得到：

性质1　直线l关于一点O为中心对称的图形是与它平行的直线，且它们到点O等距离(如图2.19)。当直线l通过点O时，l关于O为中心对称的图形就是直线l自己。特别地，对于线段我们得到，在中心对称下，任一线段和它的像(也是线段)平行且相等(如图2.19中$PQ \mathrel{\underline{\parallel}} P'Q'$)。

例1　已知在$\triangle ABC$中，点E，F把边BC三等分，BM是边AC上的中线，AE，AF分BM为x，y，z三部分($x>y>z$)，试求$x:y:z$(如图2.20)。

分析　希望把未知的$x:y:z$与已知的E，F把BC三等分这两个比联系起来。平行截割定理可以使两个比发生联系，但原图(如图2.20)中没有平行直线，因此，为了能应用平行截割定理，我们先要设法得到一些平行线。由性质1知，通过中心对称，可以由已知的诸线段，得到分别与它们平行的诸线段。

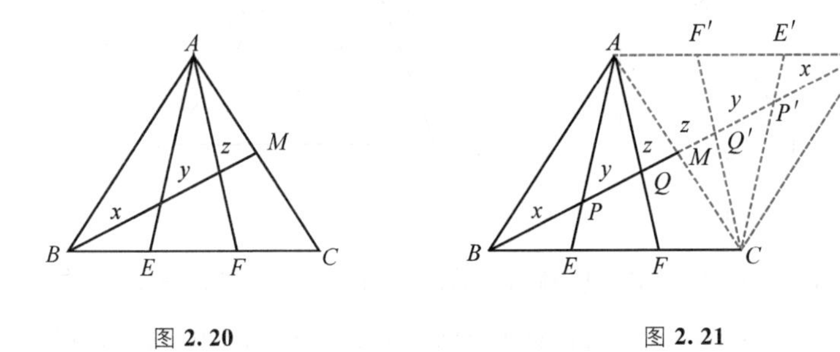

图2.20　　　　图2.21

由于已知BM是边AC上的中线，因此我们可以考虑以M为对称中心，作出原图形的中心对称图形。设 AE，AF 与 BM 的交点分别为 P，Q。我们用记号 $A\to C$ 表示在上述中心对称下点 A 变到点 C，于是我们有 $B\to B'$，$E\to E'$，$F\to F'$，$P\to P'$，$Q\to Q'$，$M\to M'$(如图 2.21)，根据性质 1 得 $AF /\!/ CF'$，$AE /\!/ CE'$，$PQ=P'Q'$，$QM=Q'M$。应用平行截割定理，由 $AF /\!/ CF'$ 得 $\dfrac{BQ}{QQ'}=\dfrac{BF}{FC}$，即 $\dfrac{x+y}{2z}=\dfrac{2}{1}$，得

$$x+y=4z。\tag{2.1}$$

由 $AE /\!/ AE'$ 得 $\dfrac{BP}{PP'}=\dfrac{BE}{EC}$，即 $\dfrac{x}{2(y+z)}=\dfrac{1}{2}$，得

$$x-y=z。\tag{2.2}$$

由(2.1)(2.2)解得 $x=\dfrac{5}{2}z$，$y=\dfrac{3}{2}z$，于是得 $x:y:z=5:3:2$。

在学习平面几何时，老师常常告诉我们一些解题的小窍门，例如“见中线就加倍”就是其中一个。从变换的观点看，这实际上就是施行以中线的端点(即边的中点)为对称中心的中心对称变换，把三角形补成一个中心对称图形——平行四边形，把原来图形中的一些线段变成分别与它们平行且相等的线段，从而可以为解题提供一些有用的新的信息。上述例 1 实际上就是应用了“见中线就加倍”的方法。

已知一点 A 及一个圆 S，求圆 S 关于点 A 为中心对称的图形。

只需将圆 S 绕点 A 旋转 $180°$ 即可行，它是一个与圆 S 半径相等的圆 S'。若圆 S 为 $\odot(O,r)$，则圆 S' 为 $\odot(O',r)$，此处 O' 是 O 关于点 A 为中心对称

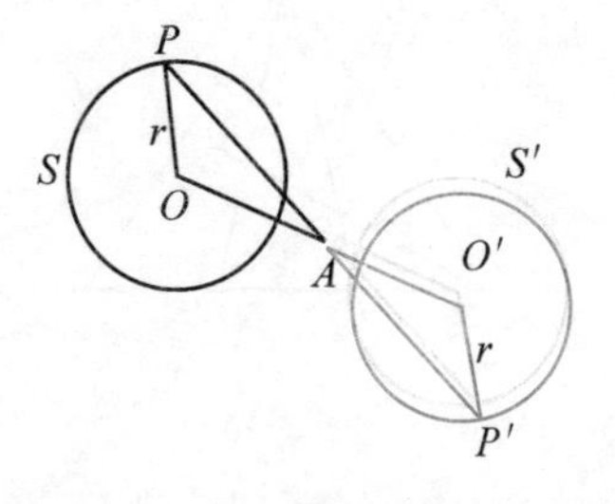

图 2.22

的点(如图 2.22)。于是得到

性质 2 中心在点 O 半径为 r 的圆，关于点 A 为中心对称的图形，是中心在点 O' 半径仍为 r 的圆，此处 O' 是 O 关于 A 为中心对称的点。

2. 应用中心对称解题举例

由于中心对称变换把一个图形变成与它成中心对称的图形，而中心对称图形所具有的一些特殊性质，可以为我们解题提供帮助。例如每一条通过对称中心的直线，在中心对称图形上截得的线段，必被对称中心平分，这个性质就为我们解决过定点求作某线段被该点平分的问题，提供一个常用的方法。

例 2 过两圆 S_1 和 S_2 的交点 A，求作直线 l，使得圆 S_1 和 S_2 在 l 上截得等长的弦。

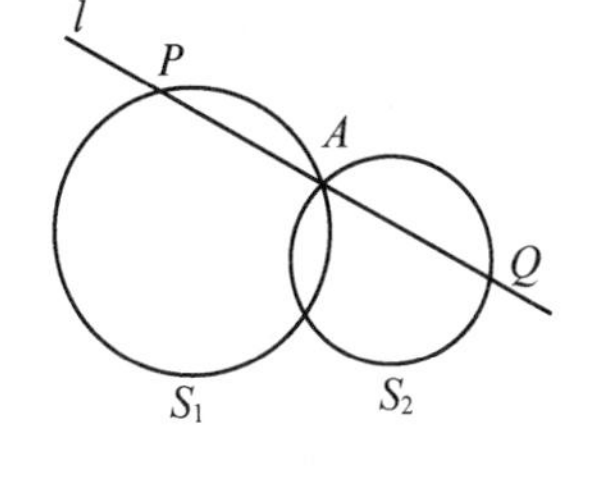

图 2.23

分析 我们把求作重新叙述：求作线段 PQ 使端点 P 和 Q 分别在圆 S_1 和 S_2 上，且 PQ 被两圆交点 A 平分。如图 2.23。

假设符合要求的线段 PQ 已经作出，则 P 和 Q 关于点 A 为中心对称，Q 在已知圆 S_2 上，则 P 必在圆 S_2 关于 A 为中心对称的圆 S'_2 上，因此 P 是圆 S_1 与圆 S'_2 的交点(如图 2.24)。于是得到如下作法。

作法 1 以 A 为对称中心，作圆 S_2 的对称图形圆 S'_2，S'_2 与 S_1 相交于 P，连接 PA 所得直线 l 即为所求(如图 2.24)(证明和讨论略)。

若不用中心对称，也可用如下作法：

作法 2 如图 2.25，连接圆 S_1 的圆心 O_1 和圆 S_2 的圆心 O_2，连接 A 和 O_1O_2 的中点 M，过 A 作与 AM 垂直的直线 l 即为所求

（证明留给读者）。

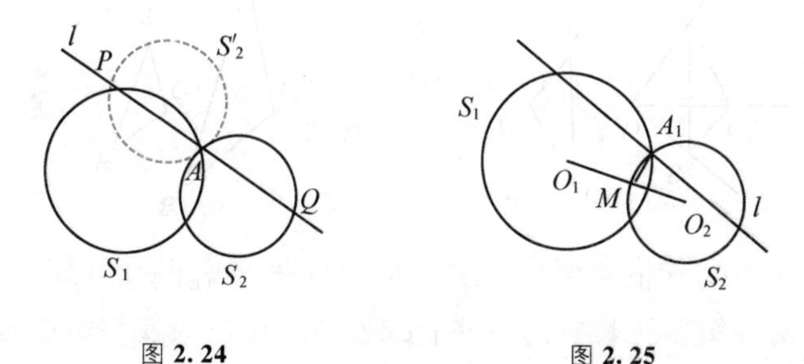

图 2.24　　　　图 2.25

比较评论　作法 2 看起来也不复杂，但它不易想出（你能试着分析一下这个作法是怎样想出来的吗），而且更重要的是，由于作法 2 应用了圆特有的性质，因此它只能限于解决过两圆交点的问题，无法推广。由于作法 1 只用到中心对称图形的性质，没有用到圆特有的性质，因此它可以推广。

推广 1　将例 2 中的两个圆换成其他两个封闭图形，例如一个圆 S 和一个椭圆 C，或一个圆 S 和一个三角形 C，其他不变（如图 2.26）。

这时上述应用中心对称变换的作法 1 照样适用，而作法 2 却不行了。

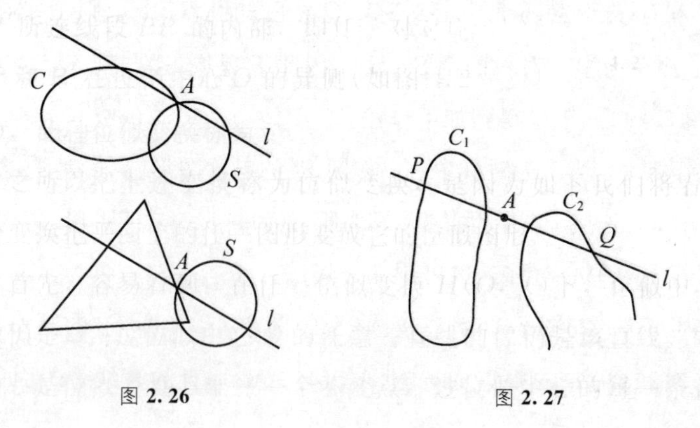

图 2.26　　　　图 2.27

推广 2 已知任意两条曲线 C_1 和 C_2(不必是封闭的)，及任一定点 A(不必是两曲线的交点)，求作过点 A 的直线，使该直线介于它与两曲线的交点之间的线段 PQ(P 在 C_1 上，Q 在 C_2 上)恰被 A 平分(如图 2.27)。

此时，仍可应用中心对称变换的方法来解决。无论两条曲线同时是圆，或同时是直线，或一个圆一条直线，或其他任何曲线，作法 1 都同样适用，而作法 2 却不行。可见中心对称提供了解决这一类问题的一个通用的方法。

例 3 一块板料，在一个角上发现有一个小洞影响使用，须将小洞裁去，但只能沿一条直线裁去一个小三角形(如图 2.28)，问如何裁可使留下的面积最大?

化成一个数学问题是，已知角 A 及其内部一点 D，求作一直线通过 D，且使与角 A 的两边所成的$\triangle ABC$ 面积最小(如图 2.28)。

分析 我们先来猜一猜过 D 的哪一条直线，可使所截得的$\triangle ABC$ 面积最小。

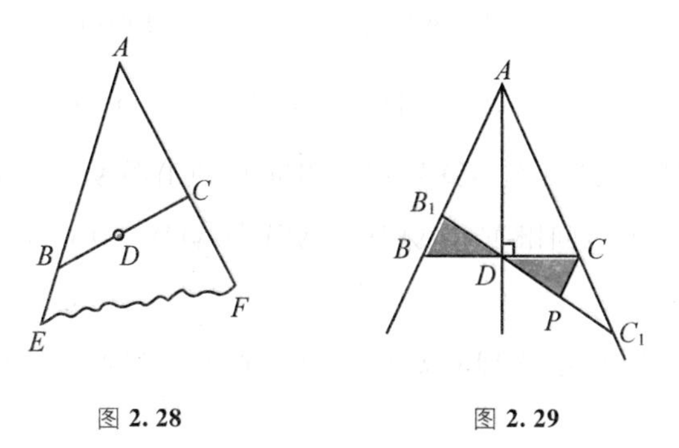

图 2.28　　图 2.29

先看一个特殊情形，当 D 正好在$\angle A$ 的平分线上时，我们猜想过 D 垂直于角平分线 AD 的直线截得的$\triangle ABC$(如图 2.29)面积最小，证明如下：

此时 D 恰为 BC 的中点，过 D 的其他任意一条直线，例如直线 B_1C_1，截得$\triangle AB_1C_1$。由于 B_1C_1 不垂直于 AD，所以 D 不是 B_1C_1 的中点。不妨设 $DC_1>DB_1$。在 DC_1 上截取 $DP=DB_1$(点 P 在DC_1 内部)，得$\triangle DPC\cong\triangle DB_1B$，所以 $S_{\triangle DPC}=S_{\triangle DB_1B}$。由于 $S_{\triangle DC_1C}>S_{\triangle DPC}$，因而 $S_{\triangle DC_1C}>S_{\triangle DB_1B}$。由于 $S_{\triangle AB_1C_1}=S_{\triangle ABC}+S_{\triangle DC_1C}-S_{\triangle DB_1B}$，所以 $S_{\triangle AB_1C_1}>S_{\triangle ABC}$，猜想成立。

由于在上述证明中，只用到 D 是 BC 的中点，而没有用到 $AD\perp BC$，因此对一般情形(D 不在$\angle A$ 的平分线上)，我们猜想：过 D 的直线被$\angle A$ 的两边截出的线段 BC 以 D 为中点时，$\triangle ABC$ 的面积最小，证明完全类似(如图 2.30)。

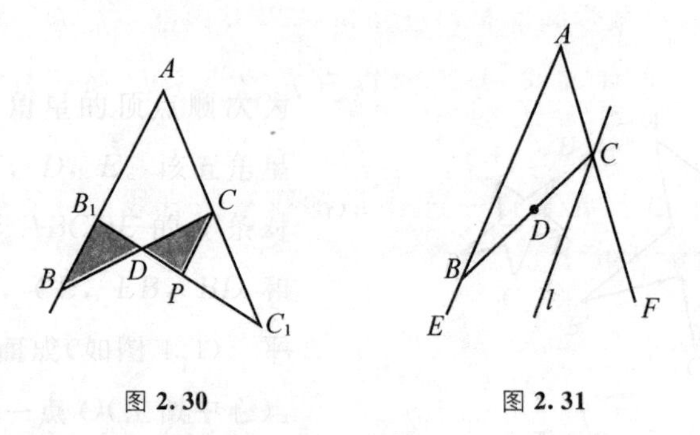

图 2.30　　　　图 2.31

剩下的工作是具体作出 BC：过$\angle A$ 内部一点 D，求作直线，使其被$\angle A$ 两边所截得的线段BC 恰被 D 平分。

这是包含在例 2 的推广 2 中的一种情形，已经解决。作法如下：如图 2.31，以 D 为对称中心，作出直线 AE 的中心对称图形直线 l，l 与 AF 的交点即为所求点 C，连 CD，与 AE 的交点即为所求点 B，直线 BC 即为所求。

过点 D 沿 BC 截下的三角形面积最小。

§2.5 同向等距变换和刚体的平面运动

1. 同向等距变换

§1介绍的平移和本章介绍的旋转，它们有一个共同的性质——保持平面上任意两点间的距离不变。如果我们把保持平面上任意两点间的距离不变的变换，称为平面上的等距变换，则平移和旋转便都是等距变换。由于任意一个图形在等距变换下，其形状和大小都不改变，即每一个图形都与它在等距变换下的像合同(即全等)，因此，等距变换也称为合同变换。

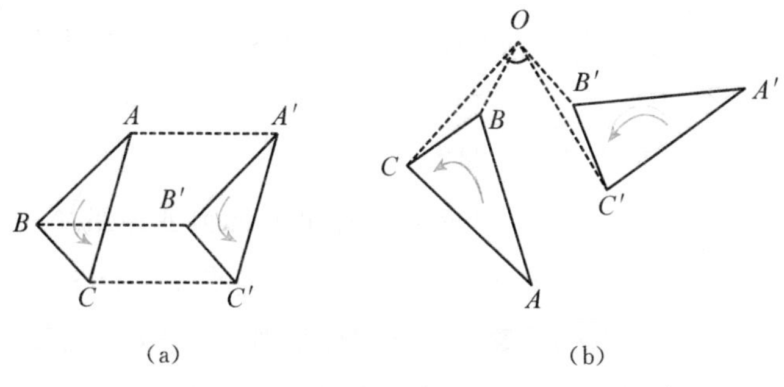

图 2.32

平移和旋转还有一个共同的性质：对于任一$\triangle ABC$和它在平移和旋转下的像$\triangle A'B'C'$来说，在图$\triangle ABC$中，若顶点A，B，C是按逆时针方向顺序排列的，则像图形$\triangle A'B'C'$中，对应顶点A'，B'，C'也按逆时针方向顺序排列，如图2.32(a)和(b)；若顶点A，B，C是按顺时针方向顺序排列的，则对应顶点A'，B'，C'也按顺时针方向顺序排列。即图形和它的像的对应顶点顺序排列方向相同，同为逆时针方向，或同为顺时针方向。我们把这种不改变图形顶点顺序排列的方向的变换称为同向的，否则称为反向的。因此，平移和旋转都是同向的等距变换(反向的等距变换的例子见下一章)。

如果两个合同的图形，对应顶点顺序排列的方向相同(同为逆时针方向或同为顺时针方向)，则称这两个图形同向合同，否则称为反向合同。于是，任一图形和它在同向等距变换下的像同向合同。

我们已经知道，平移和旋转是同向等距变换，那么除了它们之外，还有别的变换是同向等距变换吗？我们可以证明，任何一个同向等距变换，或者是一个平移，或者是一个旋转，或者是平移和旋转的乘积(复合)。这个事实可以换一个说法：平面上任何两个同向合同的图形，我们总可以经过一次平移，或者经过一次旋转，或者经过一次平移再经过一次旋转，使它们重合在一起，即把一个变成另一个。

我们以三角形为例来说明。

设$\triangle ABC$在一同向等距变换下的像为$\triangle A'B'C'$(如图 2.33)，即$\triangle ABC$与$\triangle A'B'C'$同向合同。若A与A'不重合，先施行平移$T(\overrightarrow{AA'})$，把$\triangle ABC$变成$\triangle A'B_1C_1$(如图 2.33)，于是$\triangle ABC$与$\triangle A'B_1C_1$同向合同，由此$\triangle A'B_1C_1$与$\triangle A'B'C'$也同向合同。由$\angle C_1A'C_1=\angle C'A'B'$得$\angle B_1A'B'=\angle C_1A'C'$，又$A'B_1=A'B'$，$A'C_1=A'C'$，所以再施行旋转$R(A', \angle B_1A'C')$)即可把$\triangle A'B_1C_1$变成$\triangle A'B'C'$(如图 2.33)。若把$\angle B_1A'B'$记为$\angle(\overrightarrow{A'B_1}, \overrightarrow{A'B'})$表示从向量$\overrightarrow{A'B_1}$到向量$\overrightarrow{A'B'}$的夹角，并规定逆时针方向为正，顺时针方向为负。因为$\overrightarrow{AB}=\overrightarrow{A'B_1}$，所以$\angle(\overrightarrow{A'B_1}, \overrightarrow{A'B'})=\angle(\overrightarrow{AB}, \overrightarrow{A'B'})$，因此上述旋

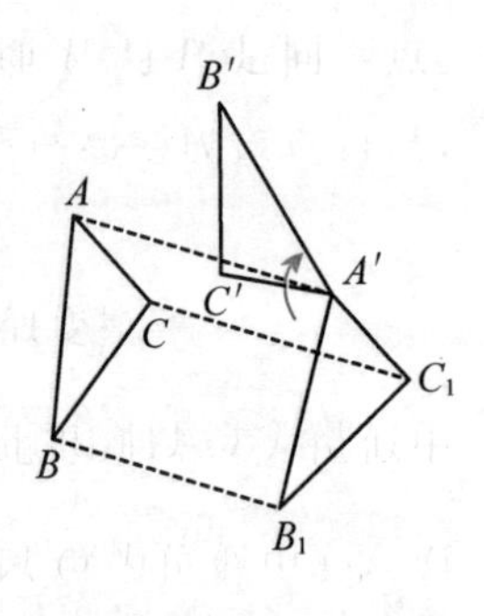

图 2.33

转也可表示为 $R(A', \angle(\overrightarrow{AB}, \overrightarrow{A'B'}))$。于是我们得到：

若$\triangle ABC$与$\triangle A'B'C'$同向合同时，则经过一次平移 $T(\overrightarrow{AA'})$，再经过一次旋转 $R(A', \angle(\overrightarrow{AB}, \overrightarrow{A'B'}))$，即可把$\triangle ABC$变成$\triangle A'B'C'$。特别地，当 A 与 A' 重合时，只需经过一次旋转 $R(A, \angle(\overrightarrow{AB}, \overrightarrow{A'B'}))$，即可把$\triangle ABC$变成$\triangle A'B'C'$；当$\overrightarrow{AB}$与$\overrightarrow{A'B'}$同向平行时，只需经过一次平移 $T(\overrightarrow{AA'})$，即可把$\triangle ABC$变成$\triangle A'B'C'$。

任一同向等距变换，或者是一个平移，或者是一个旋转，或者是一个平移和一个旋转的乘积，这个结果也称为同向等距变换的分解定理(在§3.3我们将再次讨论这个问题)。

思考题　任意两个同向合同的三角形，能否只经过一次旋转，把一个变成另一个?

分析　设$\triangle ABC \cong \triangle A'B'C'$且对应顶点依相同方向顺序排列(例如同为逆时针方向)，如图2.34。要把$\triangle ABC$旋转成$\triangle A'B'C'$，我们来找旋转中心。

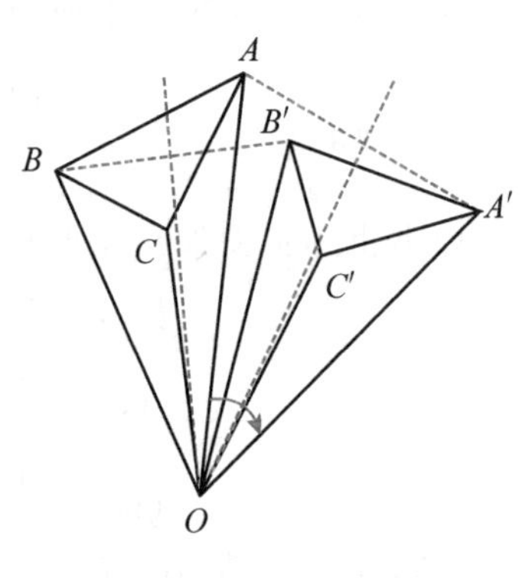

图 2.34

要把顶点 A 旋转到顶点 A'，设旋转中心为 O，则必须有 $OA=OA'$，即旋转中心 O 必须在线段 AA' 的垂直平分线上。同时又要把顶点 B 旋转到顶点 B'，则旋转中心 O 又必须在 BB' 的垂直平分线上。因此旋转中心 O 必须是 AA' 与 BB' 的两垂直平分线的交点(如图2.34)。

现在我们来验证，在以上述 O 为旋转中心，把 A 变成 A' 的旋转 $R(O, \angle AOA')$下：①恰把 B 变成 B'，②而且还把 C 变成 C'。

对于①，连接 OA，OA'，OB，OB'，只需证明 $\angle BOB'=\angle AOA'$。由于 $OA=OA'$，$OB=OB'$，$AB=A'B'$，所以 $\triangle AOB\cong\triangle A'OB'$。于是 $\angle BOA=\angle B'OA'$，因此 $\angle BOA+\angle AOB'=\angle AOB'+\angle B'OA'$（这里的角为有向角，逆时针方向为正，顺时针方向为负，两角之和为代数和）。于是得 $\angle BOB'=\angle AOA'$。

对于②，连接 OC，OC'，只需证明 $OC=OC'$，$\angle COC'=\angle AOA'$。由 $\triangle AOB\cong\triangle A'OB'$ 得 $\angle BAO=\angle B'A'O$。再由 $\angle BAC=\angle B'A'C'$ 得 $\angle BAO-\angle BAC=\angle B'A'O'-\angle B'A'C'$ 即 $\angle CAO=\angle C'A'O$。又 $OA=OA'$，$AC=A'C'$，所以 $\triangle OAC\cong\triangle OA'C'$，因此得 $OC=OC'$ 及 $\angle COA=\angle C'OA'$。进而得到 $\angle COA+\angle AOC'=\angle AOC'+\angle C'OA'$ 即 $\angle COC'=\angle AOA'$。

这就证明了旋转 $R(O,\angle AOA')$ 恰把 $\triangle ABC$ 变成 $\triangle A'B'C'$。

注意　在上述讨论中，若 AA' 与 BB' 互相平行，则它们的垂直平分线无交点，因此所求的旋转中心不存在，此时（CC' 必亦与 AA'，BB' 互相平行）只能通过平移把 $\triangle ABC$ 变成 $\triangle A'B'C'$。

于是我们得到本问题的结论是：两个同向合同的三角形，若对应顶点的连线不互相平行，则通过一次旋转就能把一个变成另一个；若对应顶点的连线互相平行，则必须通过平移才能把一个变成另一个。

2. 刚体的平面运动

几何学中的平移和旋转，这两种最常见的等距变换，是有其物理背景的，它们是物理学中最基本的刚体运动形式在几何上的表示。

在物理学中，我们把物体看成是由质点组成的。质点和几何中的点一样，也是抽象化的模型，它没有大小，但有质量。刚体是一种特殊的质点组，其中，任何两个质点间的距离，不因力的作用而发生改变。刚体和质点一样，也是一种抽象，是一种理想化的模型。在所研究的问题中，只有当物体的形状和大小的变化可以忽略不计时，才可以把它当作刚体看待。

刚体最简单最基本的运动形式是平动和绕固定轴转动。

(1)平动

刚体运动时，如果在各个时刻，刚体中任意一条直线始终保持自身平行，那么这种运动叫作平动。此时刚体中所有质点都有相同的速度和加速度，任何一个质点的运动都可以代表整个刚体的运动。在水平道路上直线行驶的自行车的车架、汽车的车身、火车的车厢等都是平动的例子。

(2)绕固定轴转动

刚体运动时，所有质点都在与某一直线垂直的平面上做圆周运动，且圆心在该直线上，这种运动叫作绕固定的轴转动，也称定轴转动，该直线叫转轴。定轴转动是常见的机械运动的一种形式。自行车和汽车车轮的自转，钟表指针的运行，都是在做定轴转动。

(3)刚体的平面运动

刚体运动时，如果刚体上任意一点始终在平行于某个固定平面的平面内运动，那么这种运动叫作刚体的平面平行运动，简称刚体的平面运动。把一本书平放在桌子上，并沿桌面随意移动它，这就是平面平行运动的一个最简单的例子：刚体(书)的所有各点都平行于一个固定平面(桌面)运动。刚体的平面运动是比平动和定轴转动复杂一些的刚体运动形式，平动和定轴转动都是它的特例。刚体平面运动的特点是：在刚体内垂直于固定平面的直线上的各点，其运动状况都相同。根据这个特点，我们可以利用与固定平面平行的平面，在刚体内截出一个平面图形，用此平面图形的运动代表刚体的平面运动。于是空间问题就转化为平面问题。因此在下面的讨论中，刚体的平动用平面图形的平行移动代表，刚体的定轴转动用平面图形的绕定点旋转代表。

刚体的平面平行运动有两种研究方法，一种是把平面运动看作平动和绕定点转动的合成，另一种是把它看作在每一瞬间都相对于某一固定点所做的转动。具体说，做平面运动的刚体，从一个位置运动到另一个位置，可以用两种方法来进行，我们用平面图形的位置移动来代表。

方法 1 图 2.35 表示平面图形在其平面上的位移，可以看作平动位移(线段 A_1B_1 平行移动到 A_2B')和转动位移(绕点 A_2 的转动，A_2 称为基点)的合成。

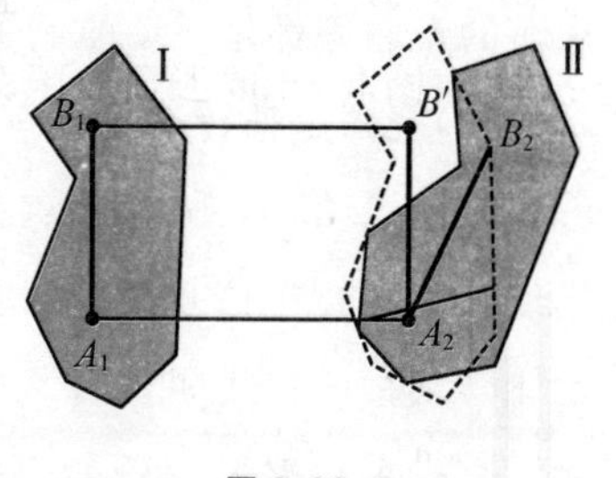

图 2.35

显然，先令图形Ⅰ绕基点 A_1 转动，然后再随基点 A_1 平动，也能到达最终位置Ⅱ。虽然中间过程与图 2.35 表示的不同，但最终效果是相同的。

为精确描述刚体的平面运动，即精确描述平面图形的位移，我们把位移经历的时间分成许多极细小(无穷小)的时间间隔，把图形在每一极细小的时间内的位置变动，都分解为平动和转动，这样就与实际的运动一致了。因此刚体的极细小的平面运动，可以看作随基点的极细小的平动和绕基点的极细小的转动的合成。由此可见，平动和定轴转动不仅是刚体最简单的运动形式，而且也是最基本的运动形式。事实上，刚体更复杂的运动者可以看作平动和转动的合成。

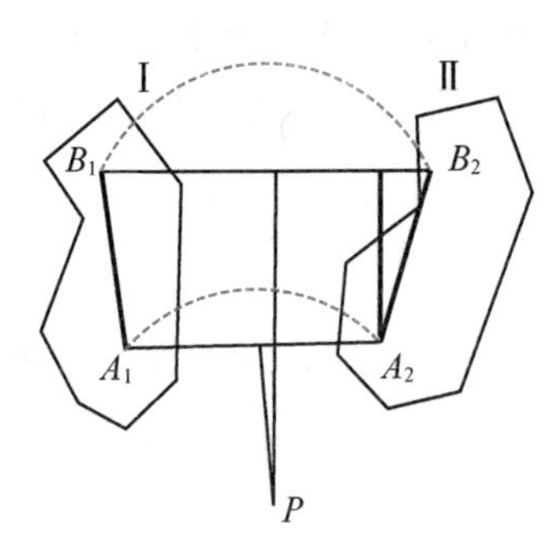

图 2.36

方法 2　图 2.36 表示在平面运动时，物体从位置 I 移动到任意另一个位置 II，可以靠一次转动来完成。绕其转动的那个点 P 求法如下：连接 A_1 和 A_2，B_1 和 B_2，作线段 A_1A_2 和 B_1B_2 的中垂线，两条中垂线的交点 P 就是所求。如果物体的两个连续位置之间的时间间隔极小，那么这样的点 P 就叫瞬时转动中心。在每一瞬间，都有某一个与之相应的瞬时转动中心。

由以上的讨论，我们可以看到：几何学中的平移变换实际上是刚体的平动的一个数学模型；旋转变换是刚体绕定轴转动的一个数学模型；平移和旋转的积是刚体平动和绕定轴转动的合成的一个数学模型，或者说同向等距变换是刚体的平面平行运动的一个数学模型。

习题 2

1. 求单位正方形 $ABCD$ 内一点 P 到三个顶点 A，B，C 的距离之和的最小值，并问点 P 在何处时，能取得这个最小值。

2. 如图 2.37，已知正六边形 $ABCDEF$，点 M 和 K 分别为边 CD 和 DE 的中点，L 为线段 AM 和 BK 的交点。试证$\triangle ABL$ 的面积等于四边形 $MDKL$ 的面积，并求直线 AM 与直线 BK 之间的夹角。

3. 如图 2.38，正方形 $ABCD$ 内有一点 P，已知 $PA : PB : PC=$

1∶2∶3，求$\angle APB$的度数。

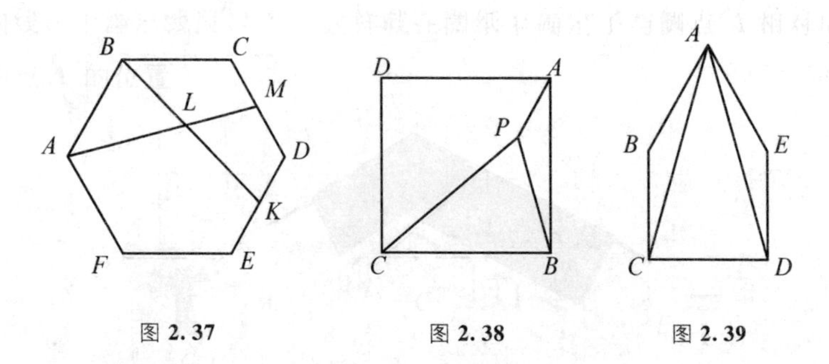

图 2.37　　图 2.38　　图 2.39

4. 如图 2.39，在凸五边形 $ABCDE$ 中，$AB=BC=CD=DE=EA$，且$\angle CAD=\angle BAC+\angle DAE$。求$\angle BAE$的度数。

5. 如图 2.40，已知圆 S，直线 l 及一点 A，过点 A 求作直线 m，与 S 及 l 分别交于 P，Q，使线段 PQ 以 A 为中点。

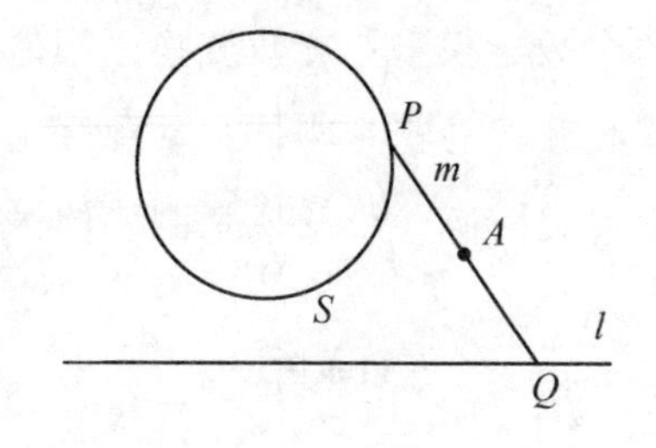

图 2.40

§3. 轴反射

对称是美的。公园里的各种奇花异草，虽然千姿百态，但它们的叶片的形状，大都是左右对称的。动物园里的各种珍禽异兽，无论天上飞的，地上跑的，水中游的，各式各样，但它们的体形几乎都是左右对称的。人们设计制造的各种工具和用具，大到飞机轮船，小到日常生活用品，以及各式各样的建筑物，其造型也差不多都是左右对称的。

在中学平面几何课程中，我们已经接触过轴对称图形。在这一章里，我们将用变换的观点来研究图形的轴对称，讨论轴对称变换(也叫轴反射)，介绍它的性质和应用，以及它和平移、旋转的关系。

§3.1 轴反射的概念和性质

1. 轴反射的概念

如果将一张纸沿着它上面的一条直线对折，经过对折后能互相重合的两个点，叫作以这条直线为对称轴的一对对称点。用数学语言来描述就是：

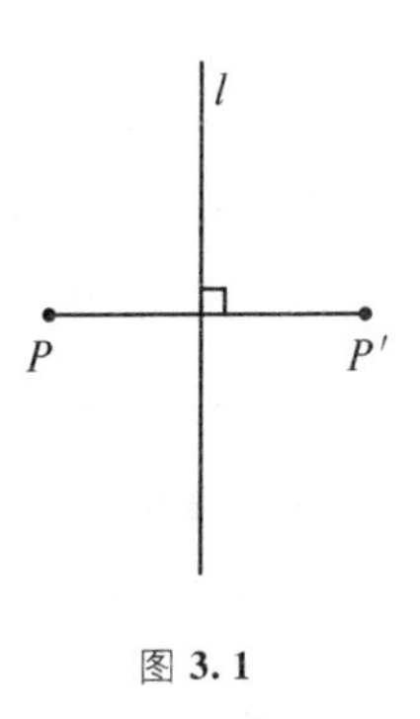

图 3.1

平面上已知直线 l，如图 3.1，若两点 P 和 P'所连线段 PP'被直线 l 垂直平分，就称点 P 和 P'是以直线 l 为对称轴的一对对称点，也称 P 和 P'关于 l 为轴对称。

平面上已知一条直线 l，把平面上任一点 P 变成 P'，使 P 和 P' 是以直线 l 为对称轴的一对对称点的变换，叫作平面上的轴对称变换，也叫轴对称。对称轴 l 也叫反射轴(有时也简称轴)。P 和 P' 是一对对应点，轴上的点自己和自己对应。

轴反射由其对称轴(反射轴)完全决定，以 l 为轴的轴反射通常记为 $S(l)$。

形象地说，如果在 l 处立一面镜子，则点 P 在镜子中的像 P' 正是点 P 在轴反射 $S(l)$ 下的像。因此轴反射又叫镜面反射。

如果将纸沿着其上的一条直线对折，那么纸上经过对折后能互相重合的两个图形，叫作以这条直线为对称轴的对称图形。特别地，如果将一个图形沿一条直线对折，直线两旁的部分能互相重合，那么这个图形叫轴对称图形，这条直线就是它的对称轴。

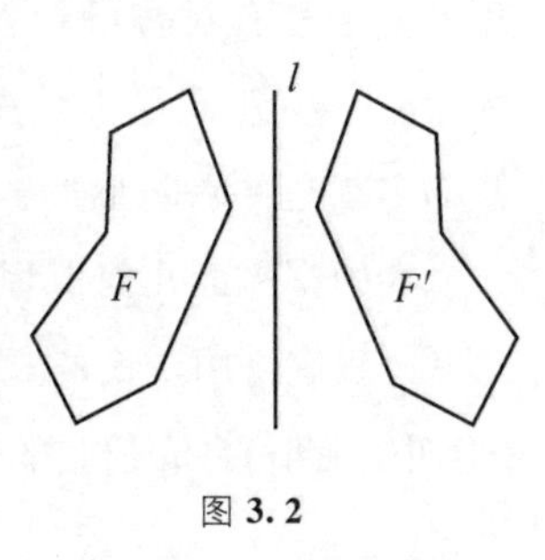

图 3.2

一个图形 F 在以 l 为轴的轴反射下的像，就是图形 F 的以 l 为对称轴的对称图形 F'(如图 3.2)。

2. 轴反射的性质

(1)轴反射是平面上的一一变换

这是因为平面上任意两个不相同的点，它们在任一轴反射下的像仍然是不相同的点，而且平面上的每一点都可由平面上某一点经过该轴反射得到，即每一点在该轴反射下都有原像。

(2)任一轴反射的逆变换就是该轴反射自身

设任一点 P 在以 l 为轴的轴反射 $S(l)$ 下的像是 P'，即线段 PP' 被 l 垂直平分。而这个关系式也说明 P' 在 $S(l)$ 下的像是 P，即

$S(l)$把P'变成P。于是$S(l)$的逆变换$[S(l)]^{-1}$把P变成P'，即P在$[S(l)]^{-1}$下的像为P'。于是得到平面上任一点P在变换$[S(l)]^{-1}$与$S(l)$下的像相同(都是P')因此$[S(l)]^{-1}$和$S(l)$是同一个变换。

(3)任一轴反射连续施行两次就等于一个恒同变换

因而，任意两个轴反射的乘积不再是轴反射。

若任一点P经过轴反射$S(l)$变成P'，由上一段的讨论和P'在$S(l)$下的像就是P。因此连续施行两次轴反射$S(l)$，P就又变回到P，等于没有动。

或者，由(2)，$[S(l)]^{-1}=S(l)$，即可得

$S(l)\cdot S(l)=[S(l)]^{-1}\cdot S(l)=I$(恒同变换)。

(4)轴反射下的不变点和不变直线

对称轴(反射轴)上的每一点在轴反射下都不变，因此都是轴反射下的不变点，除轴上的点以外的其他任何点都不是不变点。

若一条直线在某个变换f下的像仍然是这条直线自身，就称该直线是变换f下的不变直线。由不变点组成的直线，当然是不变直线。但并不要求不变直线上的每一点都是不变点，只要求这条直线上的所有点仍变成这条直线上的所有点。形象地说，就是“宏观上要管死，微观上可以搞活”。

凡是与对称轴垂直的每一条直线，都是轴反射下的不变直线。对称轴本身也是一条不变直线，且是一条全部由不变点组成的不变直线。

3. 图形在轴反射下不变的性质和不变量

(1)任意两点间的距离在轴反射下保持不变，即两点间的距离是轴反射下的不变量。

(2)任一三角形与它在轴反射下的像(三角形)全等，一般地，任一图形与它在轴反射下的像合同(全等)。因而角度和面积也是

轴反射下的不变量。

如图3.3，设任意不共线三点A，B，C，在以直线l为轴的轴反射下的像为A'，B'，C'。于是线段AA'和BB'都被l垂直平分，记交点分别为P和Q。连接AQ，$A'Q$，于是$AQ=A'Q$且$\angle AQP=\angle A'QP$，因而$\angle AQB=\angle A'QB'$，所以$\triangle AQB\cong\triangle A'QB'$(SAS)。因此得到$AB=A'B'$。即任意两点$A$，$B$间的距离在轴反射下不变。

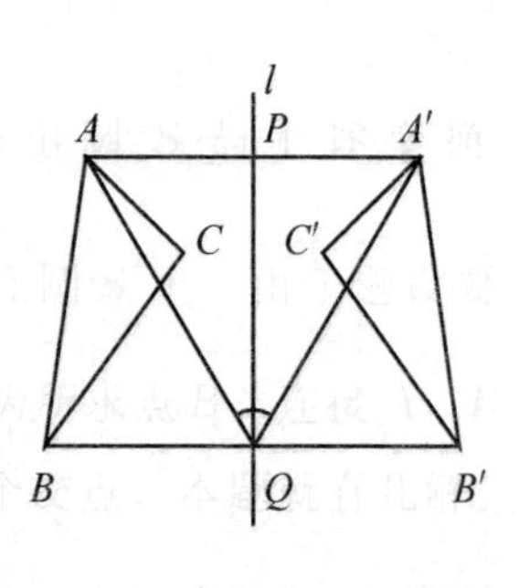

图3.3

同理有$AC=A'C'$，$BC=B'C'$，所以$\triangle ABC\cong\triangle A'B'C'$。即任一$\triangle ABC$和它在轴反射下的像$\triangle A'B'C'$全等。因此$\angle ABC=\angle A'B'C'$，即任一个角经过轴反射后不改变，一般地一个图形和它在轴反射下的像合同，因而面积也不改变。

§3.2 应用轴反射解题举例

1. 补成轴对称图形

例1 已知正三角形ABC的边长为a，在BC的延长线上取一点D，设$CD=b$，在BA的延长线上取一点E，使$AE=a+b$。求证$EC=ED$(如图3.4)。

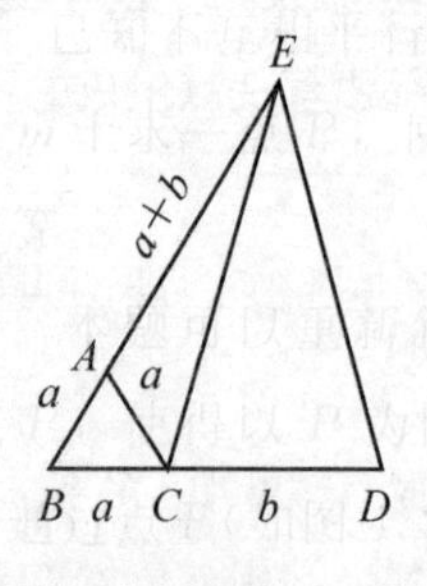

图3.4

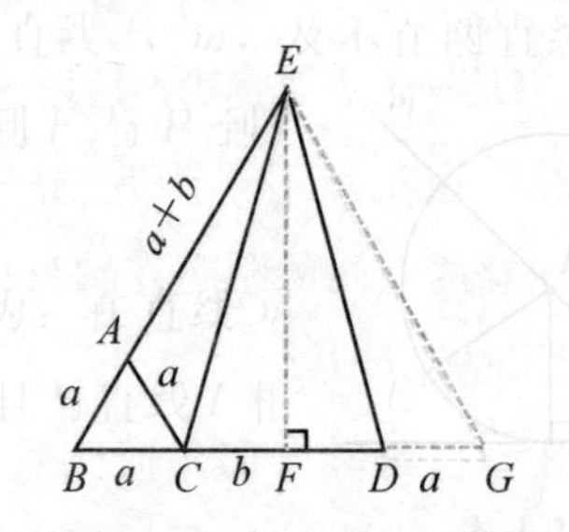

图3.5

分析与证　要证 $EC=ED$，即证$\triangle ECD$是等腰三角形。为此过 E 作 CD 的垂线，垂足为 F(如图 3.5)，只需证明 EF 同时也是 CD 边上的中线，即证$\triangle ECD$关于 EF 为轴对称图形。为此先把$\triangle EBD$补成一个关于 EF 为轴对称的更大的三角形。延长 BD 至 G，使 $FG=BF$，使等腰三角形 EBG。由于$\angle B=60^\circ$，所以$\triangle EBG$为正三角形。$BG=BE=2a+b$，所以 $DC=a$，因而 $FD=\frac{b}{2}$。由于 $BC=a$，所以 $CF=\frac{b}{2}$，因此 F 为 CD 的中点。于是可得 $EC=ED$。

上述证明的关键步骤是把已知图形补成一个轴对称图形，因而出现了一些新的关系，使问题得到解决。对称的图形是美的。可见对美的追求也是数学发现的动力之一。

例 2　在等腰直角三角形$\triangle ABC$中，$\angle A=90^\circ$，D 是 AC 的中点，$AE\perp BD$ 于 E，AE 的延长线交 BC 于 F，连接 DF。求证$\angle ADB=\angle FDC$(如图 3.6)。

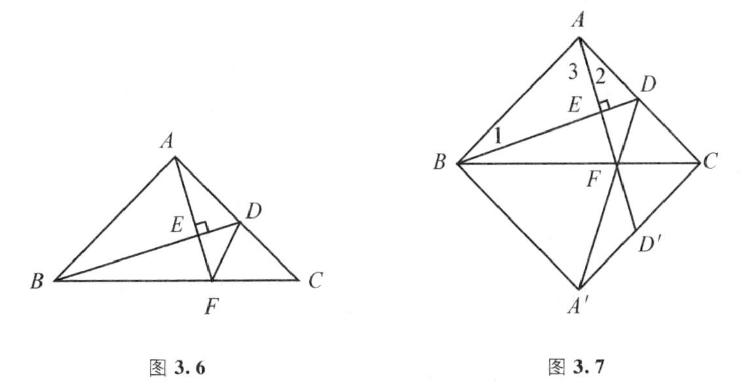

图 3.6　　　　图 3.7

分析与证　首先把图形补成一个更大的轴对称图形。以斜边 BC 为轴将等腰直角三角形 ABC 翻折，得正方形 $ABA'C$，如图 3.7。A 的对称点为 A'，D 的对称点为 D'，且 D'亦为 $A'C$ 的中点。连接 AD'，得 $\text{Rt}\triangle ABD \cong \text{Rt}\triangle CAD'$，于是 $\angle 1=\angle 2$，$\angle ADB=\angle CD'A$。$\angle 1+\angle 3=90°$，因而 $AD'\perp BD$，即点 E 恰为 AD' 与 BD' 的交点，点 F 恰好为 AD' 与 BC 的交点。于是 F 是一对对称直线 AD' 与 $A'D$ 的交点，因而

$$\angle FDC=\angle FD'C=\angle AD'C=\angle ADB。$$

在例 2 中，我们再次使用了“把图形补成对称的”这个方法，把问题放到一个更大的对称图形的背景中来，再加以解决。

2. 应用镜面反射解题

光线射到镜面 l 上，由于入射角等于反射角，因而 $\angle 1=\angle 2$。光线射到 l 上点 P 处反射出的光线，就如同是从点 A 在镜子中的像 A' 点处发出的一样(如图 3.8)。某些题可以应用这个性质来解。

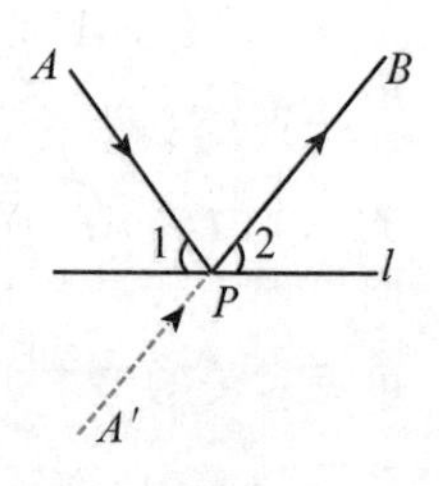

图 3.8

例 3　设 A，B 是定直线 XY 同侧的两个定点，试在直线 XY 上求一点 O，使 $\angle AOX=2\angle BOY$(如图 3.9)。

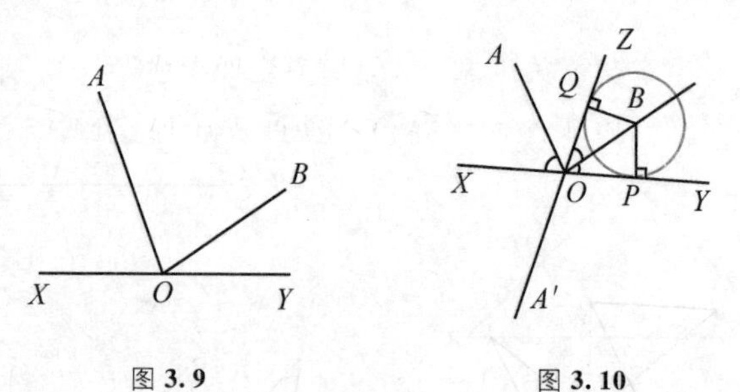

图 3.9　　图 3.10

分析与解　假设点 O 已经作出。设光线沿 AO 行进，由于入射角等于反射角，因此，光线经点 O 反射后沿 OZ 的方向行进(如图 3.10)，从而 $\angle ZOY=\angle AOX=2\angle BOY$，即 OB 是 $\angle YOZ$ 的角平分线。过 B 向 OY 及 OZ 作垂线，垂足分别为 P 和 Q，于是

$BP=BQ$。由于 B 为定点，XY 为定直线，因此 BP 为定长。于是问题转化为从 A 的以 XY 为轴的对称点 A' 求作直线 $A'Z$，使 B 到它的距离为定长 BP。作法如图 3.10，过 A' 向以 B 为中心 BP 为半径的圆作切线 $A'Z$，$A'Z$ 与 XY 的交点即所求点 O。

例 4 设 P 是锐角三角形 ABC 的边 BC 上的一个定点，试分别在边 AB 和 AC 上各求一点 M 和 N，使 $\triangle PMN$ 周长最小。如图 3.11。

方法 1 要使 $PM+MN+NP$ 最小，先设法把这个封闭的圈儿打开，拉成一个折线段，且使它的两个端点是两个定点 P' 和 P''，则直线段 $P'P''$ 之长就是折线段的最小值。

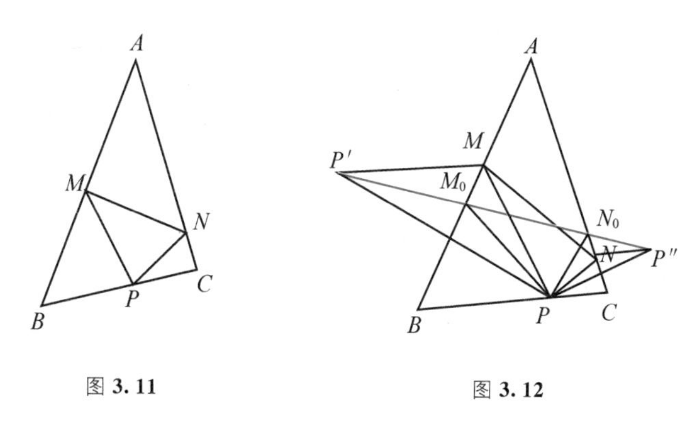

图 3.11　　图 3.12

当 P' 在何处时，可使对于 AB 上每一点 M 都有 $PM=P'M$。只需取 P' 为 P 的以 AB 为轴的对称点即可。同理，取 P'' 为 P 的以 AC 为轴的对称点(如图 3.12)，即可使对于 AC 上每一点 N 都有 $PN=P''N$。由于 P' 和 P'' 是两定点，因此折线 $P'MNP''$ 以直线段 $P'P''$ 为最短，因此 $P'P''$ 与 AB 及 AC 的交点 M_0 及 N_0 即为所求，即当 M 为 M_0，N 为 N_0 时 $\triangle PMN$ 的周长最小。

18 世纪初意大利数学家法格乃诺提出一个著名的问题：已知

一个锐角三角形，求一个内接于它的周长最小的三角形。也就是在锐角三角形 ABC 三边 BC，CA，AB 上各求一点 X，Y，Z 使 $XY+YZ+ZX$ 最小。法国数学家小加勃里尔-马南分两步解决了这个问题。他首先解决了这个问题的一个简单的情形，即当 Z 是 BC 上的一个定点的情形；然后让 Z 也变动，求出使内接三角形周长最小的 Z；最后的答案是垂足三角形周长最小。

例 4 就是这个著名问题的上述简单情形，上述方法 1 就是当年小加勃里尔-马南解决这个简单情形所用的方法。

方法 2 利用镜面反射和光线行程最短原理，原问题表述为：设 AB 和 AC 是两面镜子，如图 3.13，一光线从点 P 射向 AC，经 AC 反射到 AB 上，再经 AB 反射又射回点 P，求该光线行进的路线。

注意到，从 P 射到 AC 上经 AC 反射后的光线，可以看成是从 P 的以 AC 为轴的对称点 P_1（即点 P 在镜子 AC 中的像）射出的（如图 3.13）。从 P_1 射到 AB 上经 AB 反射后的光线，可以看成是从 P_1 的以 AB 为轴的对称点 P_2 射出的。要该光线射回到 P 点，即要求从 P_2 点射出的光线射向 P。于是连接 P_2P，与 AB 的交点 M 即为光线在 AB 上的反射点，再连接 P_1M，与 AC 的交点 N 即为光线在 AC 上的反射点。于是可得光线行进的路线为 PN，NM，MP，此时 $PN+NM+MP$ 即 $\triangle PMN$ 的周长最短。

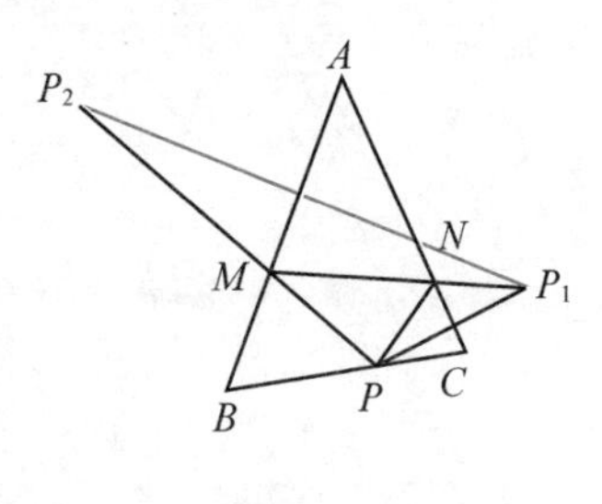

图 3.13

现在我们把上述两种方法概述如下：

方法 1 是分别作出 P 关于 AC 和 AB 的轴对称点 P'' 和 P'，连

接 $P'P''$，与 AB 的交点即为所求 M，与 AC 的交点即为所求 N。

方法 2 是依次作出 P 关于 AC 的轴对称点 P_1，及 P_1 关于 AB 的轴对称点 P_2，连接 P_2P，与 AB 的交点即为所求 M，连接 P_1M，与 AC 的交点即为所求 N。

思考　上述两种方法所得结果是相同的吗？因为都是最小值，应该相同，你能证明它们是相同的吗？

方法 2 有一个优点：可以推广。

若将光线从一点出发经过两条直线反射后到达某点的问题，改成经过三条或三条以上直线反射的问题，上述方法 2(即依 N 次求轴对称点的方法)仍然可用。

例如，如图 3.14，已知锐角三角形 ABC 内一点，分别在三边 CA，AB，BC 上各求一点 Q，R，S，使 $PQ+QR+RS+SP$ 最小。

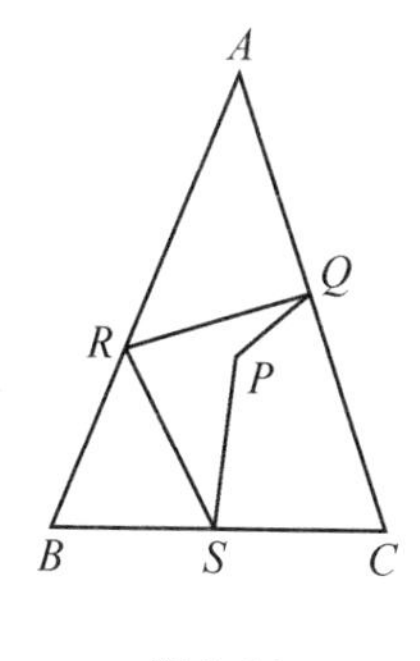

图 **3.14**

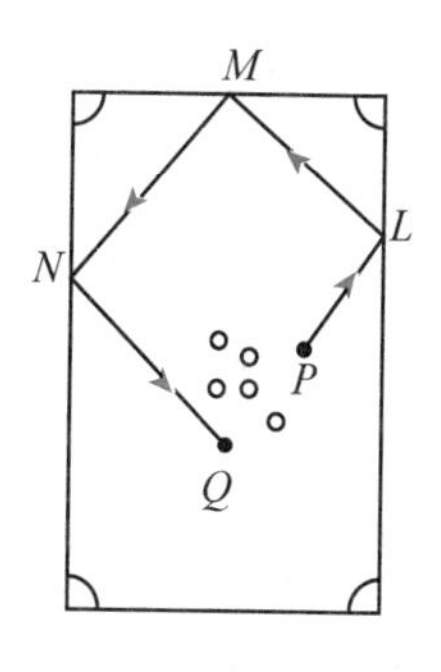

图 **3.15**

再例如，如图 3.15，打台球时，要用攻击球 P 将球 Q 打入袋 R 中，但在 P 与 Q 之间横躺着别的球。试设计一条攻击球行进的路线，经过台球桌边反射，最终将 Q 打入袋 R 中(行进中不碰到其他球)，各边上的反射点 L，M，N 如何确定？

§3.3 轴反射和平移及旋转的关系

由于轴反射和平移及旋转一样，也保持平面上任意两点间的距离不变，因此，它也是平面上的等距变换。那么，它和平移及旋转有哪些区别和联系呢？本节将对此进行讨论。

1. 轴反射是反向等距变换

轴反射和平移及旋转虽然都是等距变换，虽然都把$\triangle ABC$变成与它全等的$\triangle A'B'C'$，但它们有一个显著的区别：平移和旋转保持$\triangle ABC$和它的像$\triangle A'B'C'$的对应顶点顺序排列的方向不变(如图2.32)，同为逆时针方向，或同为顺时针方向；而轴反射改变了对应顶点顺序排列的方向，把逆时针方向变为顺时针方向，把顺时针方向变为逆时针方向(如图3.16)。即平移和旋转是同向等距变换，而轴反射是反向等距变换。

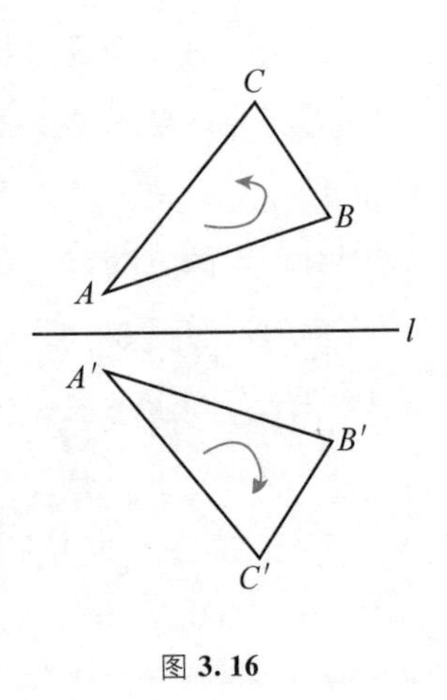

图 3.16

2. 平移可分解为两个轴反射的乘积

设平移$T(\boldsymbol{a})$。把平面上任一点P变成P'，$\overrightarrow{PP'}=\boldsymbol{a}$。取与平移方向垂直的两条直线$l_1$和$l_2$，使$l_1$与$l_2$之间的距离为平移距离的一半(即$\frac{|\boldsymbol{a}|}{2}$)，从$l_1$到$l_2$的方向与平移的方向(即$\boldsymbol{a}$的方向)一致。从图3.17容易看到，顺次施行以$l_1$和$l_2$为轴的轴反射$S(l_1)$和$S(l_2)$，也将点$P$变成$P'$($S(l_1)$把$P$变成$\overline{P}$，$S(l_2)$再把$\overline{P}$变成$P'$)，和平移$T(\boldsymbol{a})$相同，于是

$T(\boldsymbol{a})=S(l_2)\cdot S(l_1)$。

图 3.17 表明，以上述直线 l_1 为轴的轴反射 $S(l_1)$ 将 $\triangle PQR$ 变成 $\triangle\overline{P}\,\overline{Q}\,\overline{R}$，接着以上述直线 l_2 为轴的轴反射 $S(l_2)$ 再将 $\triangle\overline{P}\,\overline{Q}\,\overline{R}$ 变成 $\triangle P'Q'R'$ 正是 $\triangle PQR$ 在平移 $T(\boldsymbol{a})$ 下的像。

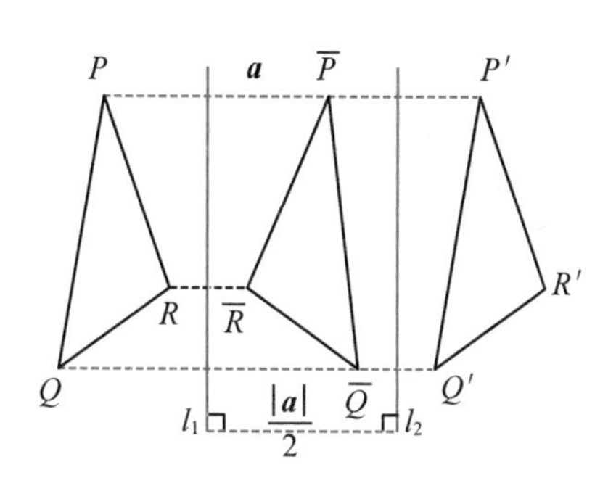

图 3.17

任一平移可以分解为两个轴反射的乘积，它们的反射轴垂直于平移的方向，两反射轴之间的距离等于平移距离的一半，从第一条反射轴到第二条反射轴的方向与平移的方向一致。由于第一条反射轴可以任意选取，因此上述分解不是唯一的(有无穷多种)。

3. 旋转可以分解为两个轴反射的乘积

以点 O 为旋转中心，旋转角为 θ (有向角，逆时针方向为正)的旋转 $R(O,\ \theta)$，把平面上任一点 P 变成 P'，$OP=OP'$ 且 $\angle POP'=\theta$。取相交于 O 的两条直线 l_1 和 l_2，使从 l_1 到 l_2 的夹角(与旋转角 θ 的方向一致)为 $\frac{\theta}{2}$。从图 3.18 容易看到，顺次施行以 l_1 和 l_2 为轴的轴反射 $S(l_1)$ 和 $S(l_2)$ 也将点 P 变成 P' ($S(l_1)$ 将 P 变成 $\overline{P}$，$S(l_2)$ 再将 $\overline{P}$ 变成 P')，与旋转 $R(0,\ \theta)$ 相同。于是 $R(O,\ \theta)=S(l_2)\cdot S(l_1)$。

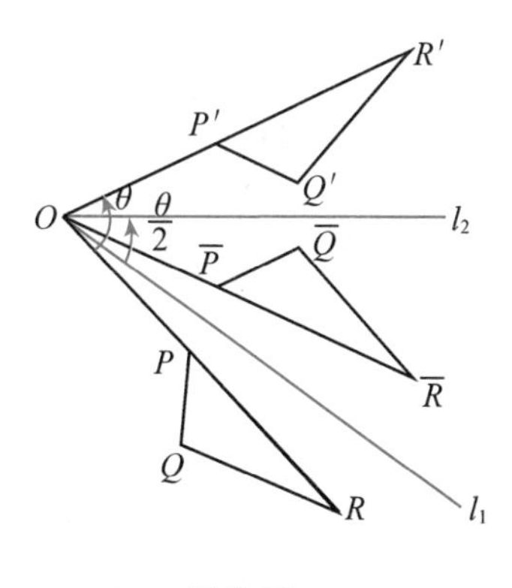

图 3.18

图 3.18 表明以上述 l_1 为轴的轴反射 $S(l_1)$ 将 $\triangle PQR$ 变成

$\triangle\overline{P}\overline{Q}\overline{R}$，接着以上述 l_2 为轴的轴反射 $S(l_2)$再将 $\overline{P}\overline{Q}\overline{R}$ 变成$P'Q'R'$，而将$\triangle PQR$ 绕着点 O 旋转 θ 角所得到的也正是$\triangle P'Q'R'$。

任一旋转可以分解为两个轴反射的乘积，它们的反射轴通过旋转中心，且两轴的夹角等于旋转角的一半，从第一条轴到第二条轴的方向与旋转角的方向相同。由于第一条轴可以任意选取，因此上述分解不是唯一的(有无穷多种)。

4. 旋转中心不相同的旋转的乘积

在§2 中，我们已经知道，接连施行以同一点 O 为旋转中心，旋转角分别为 θ_1 和 θ_2 的两个旋转的结果，就如同施行一个仍以 O 为旋转中心，旋转角为 $\theta_1+\theta_2$ 的旋转，即

$$R(O,\ \theta_2)\cdot R(O,\ \theta_1)=R(O,\ \theta_1+\theta_2)。$$

而把“接连施行两个具有不同旋转中心的旋转，结果是什么”的问题，留给本章来讨论。

设第一个旋转为 $R(O_1,\ \theta_1)$，第二个旋转为 $R(O_2,\ \theta_2)$。由于 $R(O_1,\ \theta_1)$可以分解为以相交于 O_1 且夹角为$\frac{\theta_1}{2}$的两条直线 l_1 和 l_2 为轴的轴反射 $S(l_1)$和 $S(l_2)$和乘积，即 $R(O_1,\ \theta_1)=S(l_2)\cdot S(l_1)$。$R(O_2,\ \theta_2)$可以分解为以相交于 O_2 且夹角为$\frac{\theta_2}{2}$的两条直线 l_3 和 l_4 为轴的轴反射 $S(l_3)$和 $S(l_4)$的乘积，即 $R(O_2,\ \theta_2)=S(l_4)\cdot S(l_3)$。因此，$R(O_2,\ O_2)\cdot R(O_1,\ \theta_1)=S(l_4)\cdot S(l_3)\cdot S(l_2)\cdot S(l_1)$。由于旋转的分解中的第一条反射轴可以任意选取，我们先选定 l_2，为直线 O_1O_2，且选 l_3 与 l_2 同，并记为 l，再选取 l_1 和 l_4，使$\angle(l_1,\ l)=\frac{\theta l}{2}$，$\angle(l,\ l_4)=\frac{\theta_2}{2}$，于是$\angle(l_1,\ l_4)=\frac{\theta_1+\theta_2}{2}$。又由于同一个轴反射连续施行两次即为恒同变换 I。因此

$$R(O_2,\theta_2)\cdot R(O_1,\theta_1)=S(l_4)\cdot S(l)\cdot S(l)\cdot S(l_1)$$
$$=S(l_4)\cdot I\cdot S(l_1)$$
$$=S(l_4)\cdot S(l_1)。$$

(1)如果 $\theta_1+\theta_2\neq 2\pi$，则$\frac{\theta_1+\theta_2}{2}\neq\pi$

于是 l_1 与 l_4 必相交，设交点为 O(如图3.19)。又因为$\angle(l_1,l_4)=\frac{\theta_1+\theta_2}{2}$，所以 $S(l_4)\cdot S(l_1)$是以 O 为旋转中心，旋转角为 $\theta_1+\theta_2$ 的旋转。因此

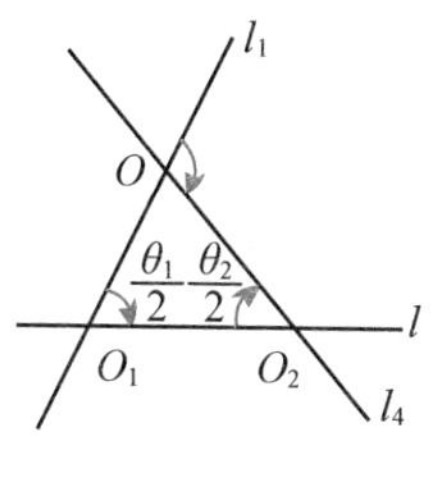

图 3.19

$R(O_2,\theta_2)\cdot R(O_1,\theta_2)=R(O,\theta_1+\theta_2)$。且新旋转中心 O 与 O_1，O_2 构成三角形，如图 3.19，其中

$$\angle OO_1O_2=\frac{1}{2}\theta_1,\ \angle O_1O_2O=\frac{1}{2}\theta_2,\ \angle O_2OO_1=\pi-\frac{1}{2}(\theta_1+\theta_2)。$$

(2)如果 $\theta_1+\theta_2=2\pi$，则$\frac{\theta_1+\theta_2}{2}=\pi$

此时直线 l_1 与 l_4 平行(如图 3.20)。因此 $S(l_4)\cdot S(l_1)$是一个平移，平移的距离为 l_1 与 l_4 的距离的 2 倍，平移方向与 l_1，l_4 垂直，且与从 l_1 到 l_4 的方向一致。

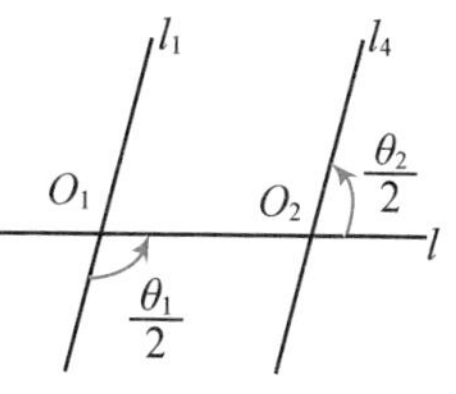

图 3.20

于是得到：两个不同中心的旋转的乘积，当两旋转角之和不等于 2π 时，仍然是一个旋转，当两旋转角之和等于 2π 时，则是一个平移①。

① 由于旋转中心 O_1 和 O_2 是不同点，因此这里不可能出现平移的特殊情形——恒同变换。

应用这个结论，我们可以得一个很有用的重要结果：

已知三个分别以不共线三点 O_1，O_2，O_3 为旋转中心，旋转角分别为 θ_1，θ_2，θ_3 的旋转变换，若 $\theta_1+\theta_2+\theta_3=2\pi$，且接连施行上述三个旋转的结果是一个恒同变换，即

$$R(O_3,\ \theta_3)\cdot R(O_2,\ \theta_2)\cdot R(O_1,\ \theta_1)=I,$$

则 $\angle O_3O_1O_2=\frac{\theta_1}{2}$，$\angle O_1O_2O_3=\frac{\theta_2}{2}$，$\angle O_2O_3\ O_1=\frac{\theta_3}{2}$。　　(3.1)

这是因为：由于 $\theta_1+\theta_2\neq 2\pi$，所以

$$R(O_2,\ \theta_2)\cdot R(O_1,\ \theta_1)=R(O,\ \theta_1+\theta_2)。$$

此处 $\angle OO_1O_2=\frac{\theta_1}{2}$，$\angle O_1O_2O=\frac{\theta_2}{2}$，$\angle O_2OO_1=\pi-\frac{1}{2}(\theta_1+\theta_2)$。假设 O_3 与 O 不重合，由 $\theta_1+\theta_2+\theta_3=2\pi$，根据前述结论得 $R(O_3,\ \theta_3)\cdot R(O,\ \theta_1+\theta_2)$是一个平移(非恒同变换)，但由题设它是一个恒同变换，矛盾，所以 O_3 与 O 重合。因此得

$$\angle O_3O_1O_2=\frac{\theta_1}{2},\ \angle O_1O_2O_3=\frac{\theta_2}{2},\ \angle O_2O_3O_1=\pi-\frac{1}{2}(\theta_1+\theta_2)=\frac{\theta_3}{2}。$$

这个结果可以用来解开下列问题中的藏宝地之谜。

“从前，有一个富于冒险精神的年轻人，在他曾祖父的遗物中发现了一张羊皮纸，上面指出了一项宝藏，它是这样写的：

乘船至北纬××度，西经××度，即可找到一座荒岛。岛的北岸有一大片草地，草地上有一株橡树和一株松树，还有一座绞架，那是我们过去用来吊死叛变者的。从绞架走到橡树，并记住走了多少步，到了橡树向右拐个直角再走这么多步，在这里打个桩。然后回到绞架再朝松树走去，并记住所走的步数，到了松树向左拐个直角再走这么多步，在这里也打个桩。在这两个桩的正当中挖掘，就可找到宝藏。

根据这道指示，这个年轻人就租了一条船开往目的地。他找到了这座荒岛，也找到了橡树和松树，但使他大失所望的是绞架不见了。经过长时间的风吹日晒雨淋，绞架已腐烂成土，一点痕迹也看不出了。这位年轻的冒险家只能乱挖起来。但是地方太大了，一切只是白费力气，只好两手空空，启帆返航……”

图 **3.21** 藏宝地之谜

如果我们的这位年轻朋友学过几何，特别是如果他知道关于三个旋转的乘积的上述结果，那么，这个藏宝地点之谜就会迎刃而解。

设橡树、松树、绞架、第一个桩、第二个桩和藏宝地，分别用字母 A，B，X，C，D 和 N 表示，如图 3.22。根据关于藏宝地点的指示，有如下关系：

将点 D 以 B 为旋转中心，逆时针方向旋转 $90°$，得到点 x；再将点 x 以 A 为旋转中心，逆时针方向旋转 $90°$，得到点 C；再将点 C 以点 N 为旋转中心，逆时针方向旋转 $180°$，又回到点 D。用旋转的乘积表示为

$$R(N,\ 180°)\cdot R(A,\ 90°)\cdot R(B,\ 90°)=I(\text{恒同变换})$$

此处 N，A，B 三点不共线。

又因为 $90°+90°+180°=2\pi$，所以根据上述关于三个旋转的乘积的结论(3.1)，可得

$$\angle NBA=\frac{90^\circ}{2}=45^\circ,\ \angle BAN=\frac{90^\circ}{2}=45^\circ,\ \angle ANB=\frac{180^\circ}{2}=90^\circ,$$

即$\triangle ABN$为等腰直角三角形，N为直角顶点，如图 3.23。

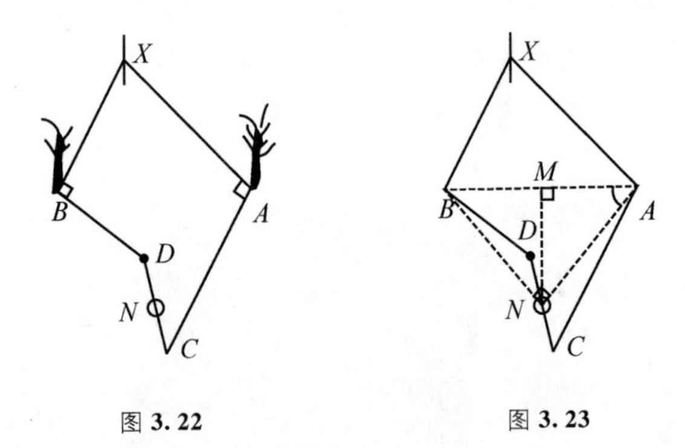

图 **3.22**　　图 **3.23**

于是这位年轻人只要先量出两棵树之间的距离有多少步并记在心中，然后从橡树 A 出发，朝着松树 B 的方向走，当走到距离的一半时(到达 AB 的中点 M)，向左拐个直角再走完另一半距离，到达之点即是藏宝地点 N(如图 3.23)，定能挖出宝藏。

注　上述关于年轻人寻宝空手而归的故事，是美国人 G·盖莫夫著(暴永宁，译，科学出版社出版)的《从一到无穷大——科学中的事实和臆测》书中记述的。这个故事有多种不同的版本，在其他的书中，讲这个故事时，有的作者所描述的寻宝人要聪明得多，绞架不见了，无法决定藏宝地点，寻宝人不是无目的地到处乱挖，而是先假定绞架竖在某个地方，然后仍按指示的方法确定出一个藏宝地，就在那里挖，结果真的挖出了宝藏。原来藏宝地点与绞架的位置无关，只由两棵树的位置决定(如图 3.23 中 N 由 A，B 完全决定，与 X 无关)。用与本节完全不同的方法，更常规的方法解决了这个问题。对此问题的解法有兴趣的读者，可参看本丛书中我的另一本书《解析几何方法漫谈》。

5. 等距变换的分解

在§2中，我们曾经介绍了同向等距变换的分解定理：任一同向等距变换或者是一个平移，或者是一个旋转，或者是一个平移和一个旋转的乘积。本章的讨论告诉我们，平移和旋转又可分解为两个轴反射的乘积。因此，我们得到，同向等距变换可以分解为两个或四个轴反射的乘积。

现在我们来讨论一般的等距变换(包括同向的和反向的)的分解，证明任何一个等距变换都可以分解为最多不超过三个轴反射的乘积。或者换个说法，一个图形在任一等距变换下的像，一定可以经过对该图形连续施行不超过三次的轴反射得到。

我们仍以三角形为例来说明。

设任一$\triangle ABC$在任一等距变换τ下的像为$\triangle A'B'C'$。现在我们来设法构造出三个轴反射τ_1，τ_2，τ_3，使得$\triangle ABC$接连经过这三个轴反射，即可变成$\triangle A'B'C'$。

第1步　若A与A'不重合，取线段AA'的垂直平分线l_1为反射轴，取$\tau_1=S(l_1)$将$\triangle ABC$变成$\triangle A'\overline{B}\,\overline{C}$(如图3.24)。即$\tau_1(\triangle ABC)=\triangle A'\overline{B}\,\overline{C}$。

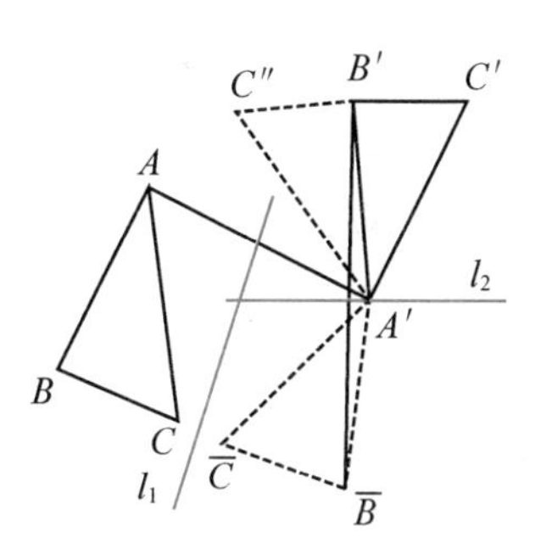

图 3.24

若A与A'重合，则直接进行下一步，并认为$\tau=I$(恒同变换)。

第2步　若$\overline{B}$与B'不重合，取$\overline{B}B'$的垂直平分线l_2为反射轴，取$\tau_2=S(l_2)$，将$\triangle A'\overline{B}\,\overline{C}$变成$\triangle A'B'C''$(因为$A'\overline{B}=AB=A'B'$，所以反射轴$l_2$必通过点$A'$)，即$\tau_2(\triangle A'\overline{B}\,\overline{C})=\triangle' A'B'C''$。

若$\overline{B}$与B'重合，则直接进行下一步，并认为$\tau_2=I$。

第3步　这时只能有 C'' 与 C' 重合，或者 C'' 与 C' 关于 $A'B'$ 轴对称。若是前者，认为 $\tau_3=I$；若是后者，取 $A'B'$ 为反射轴，取 $\tau_3=S(A'B')$，即可将 $\triangle A'B'C''$ 变成 $\triangle A'B'C'$，即

$$\tau_3(\triangle A'B'C'')=\triangle A'B'C'。$$

这就证明了，连续施行上述三个变换 τ_1，τ_2，τ_3，就可将 $\triangle ABC$ 变成 $\triangle A'B'C'$。即 $\tau=\tau_3\cdot\tau_2\cdot\tau_1$。由于 τ_1，τ_2，τ_3 中可能有恒同变换 I，因此，任一等距变换可以分解为最多三个轴反射的乘积。

由于任何一个等距变换都是由若干轴反射复合而成，再无其他类型，因此，我们可以形象地把等距变换称为“轴反射链”。又由于每经过一次轴反射，图形顶点顺序排列的方向就要改变一次，因此，同向等距变换必可分解成偶数个轴反射的乘积，而反向等距变换必可分解成奇数个轴反射的乘积。这样，我们可以根据组成轴反射链的轴反射的个数是偶数个还是奇数个，来判断它是同向等距变换还是反向等矩变换。

习题3

1. 如图3.25，设点 A，B 位于直线 l 的两侧，P 是 l 上的一个定点，试在 l 上求另一点 Q，使 $\angle PAQ=\angle PBQ$。

2. 如图3.26，在 $\triangle ABC$ 中，AD 为 BC 边上的中线，DE 平分 $\angle ADB$ 交 AB 于 E，DF 平分 $\angle ADC$ 交 AC 于 F，求证

$$BE+CF>EF。$$

3. 如图3.27，设在四边形 $ABCD$ 中，$\angle BAD$ 与 $\angle CAD$ 互余，$AB=AC$，$AD=5\sqrt{2}$，$BD=8$，$CD=6$。求 $\angle ABD$ 的度数。

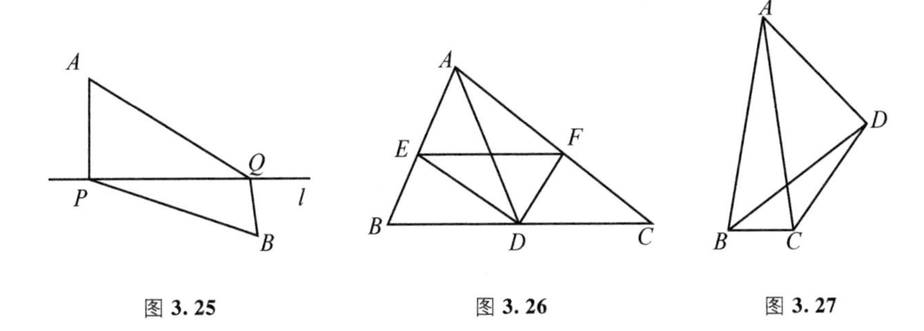

图 3.25 图 3.26 图 3.27

4. 如图 3.28，$\triangle ABC$ 中，$\angle BAC=60^\circ$，$AB=2AC$。点 P 在$\triangle ABC$ 内，且 $PA=\sqrt{3}$，$PB=5$，$PC=2$。求$\triangle ABC$ 的面积。(2011 年全国初中数学竞赛试题)

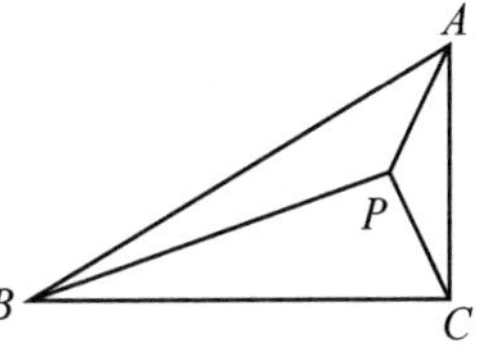

图 3.28

5. 如图 3.29，在$\triangle ABC$ 中，点 D，E 分别在 AB，AC 上，设 CD 与 BE 交于点 O，若$\angle A$ 是锐角，$\angle DCB=\angle EBC=\frac{1}{2}\angle A$。求证$DB=EC$。(2007 年北京市中考题)

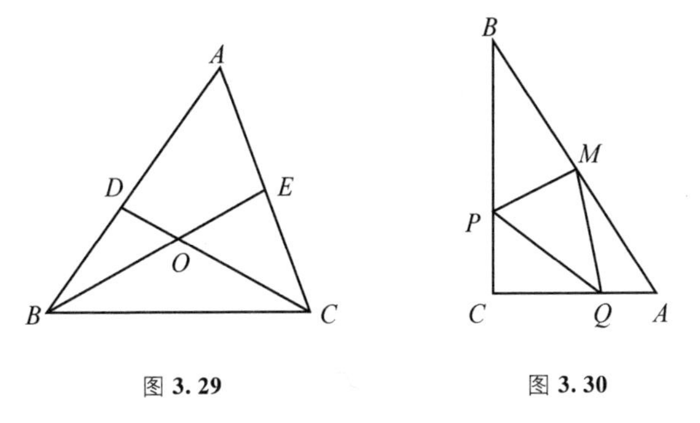

图 3.29 图 3.30

6. 如图 3.30，M 是 Rt$\triangle ABC$ 的斜边 AB 的中点，P，Q 分别是 BC，CA 边上的点，求证$\triangle MPQ$ 的周长大于 AB。

7. 如图 3.31，在梯形 $ABCD$ 中，$AD\parallel BC$，$\angle DCB=45^\circ$，

$BD \perp CD$，过 C 作 $CE \perp AB$ 于 E，交对角线 BD 于 F，连接 AF。求证 $CF = AB + AF$。

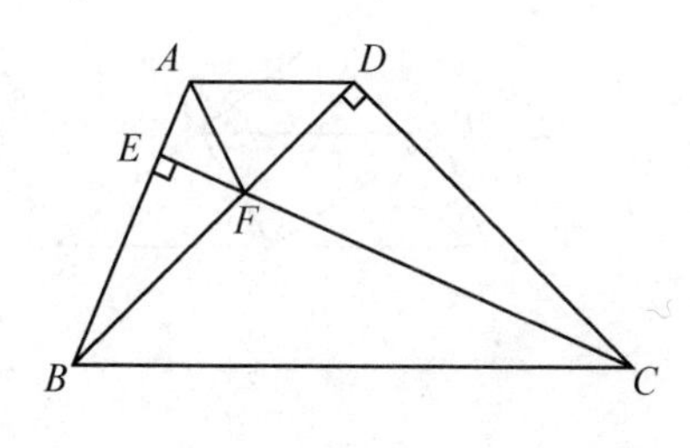

图 3.31

8. 试回答§3.2 例 4 后的思考题：关于“例 4 中两种方法的结果是相同的”证明。

§4. 位似变换

在前面三章中，我们所介绍的三种变换：平移、旋转和轴反射，它们都保持图形的形状和大小不变，也就是把一个图形变成与它合同(或称全等)的图形。在平面几何中，我们除了研究全等图形以外，还研究了相似图形。相似图形是形状相同而大小不必相等的图形。图形相似有一种重要的特殊情形——位似。本章我们将介绍位似变换，包括它的概念、性质，以及它在绘图、测量和解题中的应用。

§4.1 位似变换的概念和性质

1. 图形的相似、位似及位似变换

我们知道，两个三角形(边数相等的多边形)，如果它们的对应边成比例，且对应角相等，就称它们为相似三角形(相似多边形)。两个相似的图形，形状相同，大小可以不等，对应边的比称为相似比。特别地，相似比为1时，相似形即为全等形。

两个相似图形，如果对应顶点的连接交于一点 O，则称它们是位似的，点 O 称为位似中心。如图4.1中的相似三角形 ABC 和 $A'B'C'$，就是位似的，因为它们的对应顶点的连线 AA'，BB'，CC'交于一点 O。O 是它们的位似中心。图形的位似时，对应边的比称为位似比。也有的书更形象地把位似图形称为中心相似图形，把位似中心称为相似中心。

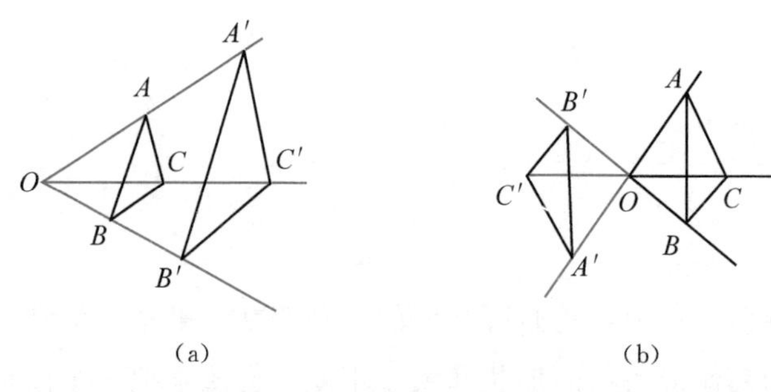

图 4.1

设 O 为平面上的一个定点，把平面上任一点 P 变成直线 OP 上的一点 P'（如图 4.2），使 $\overrightarrow{OP'}=k\overrightarrow{OP}$（此处 k 为不等于零的一个常数）的变换，称为位似变换。上述定点 O 叫位似中心，常数 k 叫位似比。位似变换由位似中心和位似比完全决定。以 O 为位似中心，位似比为 k 的位似变换，通常记为 $H(O,k)$。

当 $k>0$ 时，位似中心 O 在任一对对应点 P 和 P' 所连线段 PP' 的外部，即任一对对应点 P 和 P' 在位似中心 O 的同侧（如图 4.2(a)），此种位似变换称为外位似变换；当 $k<0$ 时，位似中心 O 在任一对对应点 P 和 P' 所连线段 PP' 的内部，即任一对对应点 P 和 P' 在位似中心 O 的异侧（如图 4.2(b)），此种位似变换称为内位似变换。

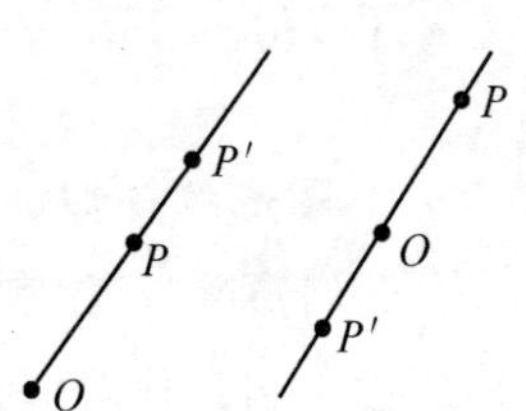

图 4.2

之所以把上述变换称为位似变换，是因为如下我们将看到，这个变换把平面上的任一图形变成它的位似图形。

首先，容易看到：在任一位似变换 $H(O,k)$ 下，位似中心 O 的像仍是 O，过位似中心 O 的任意一直线的像仍是该直线。即位似中心是位似变换下唯一一个不变点，过位似中心的每一条直线皆为位似变换下的不变直线。

其次，位似变换把线段变成与它平行的线段，且对应线段之比等于位似比。

设 $H(O, k)$ 为任一位似变换，平面上任意两点 P，Q 在 $H(O, k)$ 下的像为 P'，Q'，则 $\overrightarrow{P'Q'}=k\overrightarrow{PQ}$。

向量等式 $\overrightarrow{P'Q'}=k\overrightarrow{PQ}$ 表示

(1) $P'Q' /\!/ PQ$，

(2) $P'Q'=|k|PQ$，

(3) 当 $k>0$ 时，$P'Q'$ 与 PQ 同向平行，

当 $k<0$ 时，$P'Q'$ 与 PQ 反向平行(如图 4.3)。

我们只对 $k>0$ 的情形证明，$k<0$ 的情形类似。

由 $\overrightarrow{OP'}=k\overrightarrow{OP}$，$\overrightarrow{OQ'}=k\overrightarrow{OQ}$ 及 $k>0$，得 $\overrightarrow{OP'}$ 与 $\overrightarrow{OP}$ 同向，$\overrightarrow{OQ'}$ 与 $\overrightarrow{OQ}$ 同向(如图 4.3 中 $k>0$ 的情形)，所以 $\angle POQ=\angle P'OQ'$。又 $\frac{OP'}{OP}=\frac{OQ'}{OQ}(=k)$，所以 $\triangle POQ \backsim \triangle P'OQ'$，因而 $\frac{P'Q'}{PQ}k$，$\angle OPQ=\angle OP'Q'$。由 O，P，P' 三点共线及 O，Q，Q 三点共线，且 $k>0$，即 P，P' 及 Q，Q' 都在点 O 同侧，所以 Q，Q' 在线段 PP' 同侧(如图 4.3)，所以 $PQ /\!/ P'Q'$ 且 PQ 与 $P'Q'$ 方向相同，于是得 $\overrightarrow{P'Q'}=k\overrightarrow{OP}$。

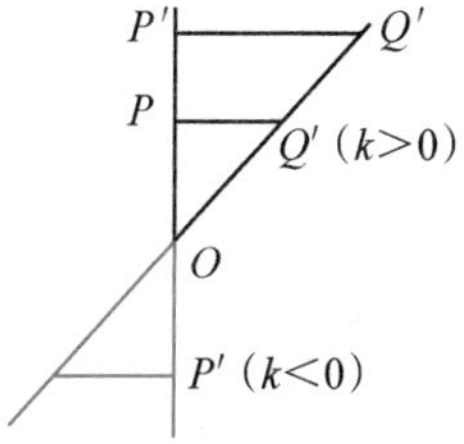

图 **4.3**

特别地，当线段 PQ 所在直线通过位似中心 O 时，它的像线段 $P'Q'$ 也在该直线上。

根据上述结论我们得到，任意不共线三点 A，B，C 在位似变换 $H(O, k)$ 下的像 A'，B'，C' 仍不共线。于是，$\triangle ABC$ 在上述变

换下的像为$\triangle A'B'C'$。由上述结论：$AB \parallel A'B'$，$BC \parallel B'C'$，$CA \parallel C'A'$，且$\frac{A'B'}{AB}=\frac{B'C'}{BC}=\frac{C'A'}{CA}=k$，得$\triangle ABC \backsim \triangle A'B'C'$。再由位似变换下的每一对对应点的连线都通过位似中心，得到连接AA'，BB'，CC'，交于一点O，于是$\triangle ABC$和$\triangle A'B'C'$是位似图形，O是位似中心。这就证明了位似变换把每一个三角形变成它的位似图形。一般地，我们可得，位似变换把任一图形变成它的位似图形。

当$|k|>1$时，位似变换$H(O, k)$把图形放大。当$|k|<1$时，图形将被缩小。$k>0$时，像与原图形在点O同侧，$k<0$时，像与原图形在点O异侧。

例1　把一任意五角星放大到它的两倍(即新图与原图的相似比为2)。

设五角星的顶点顺次为A，B，C，D，E。该五角星由五边形$ABCDE$的5条对角线AC，CE，EB，BD和DA相交而成(如图4.4)。平面上任取一点O(位似中心)。以O为端点作射线OA，OB，OC，OD，OE，并分别在各射线上取点A'，B'，C'，D'，E'，使$OA':OA=OB':OB=OC':OC=OD':OD=OE':OE=2$。连接$A'C'$，$C'E'$，$E'B'$，$B'D'$及$D'A'$，它们相交所得的五角星(如图4.4)即为所求(它与原五角星位似，且位似比为2)。

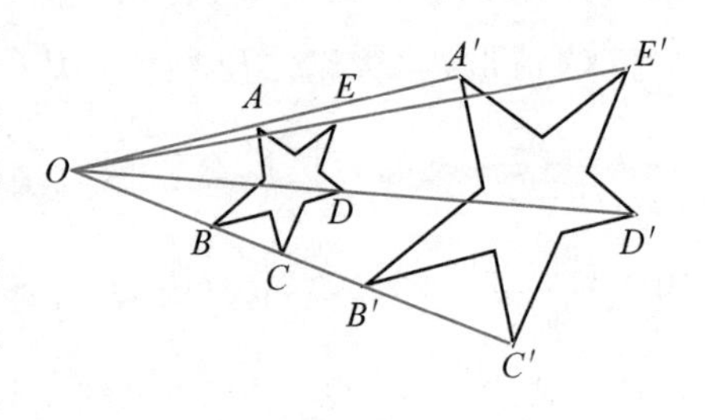

图4.4

也可以分别在射线OA，OB，…的反向延长线取点A''，B''，C''，…使$OA'':OA=OB'':OB=\cdots=2$，…同样也可以作出符合

要求的五角星。

我们如何来判断平面上的一个变换是不是位似变换呢？用位似变换的定义来判断，有时并不方便。现介绍如下判定定理：

平面上的变换，若把任一线段变成与它平行的线段，且对应线段之比是一个常数，则该变换必为位似变换或平移。

设平面上任意两点 P，Q 在变换 F 下的像为 P'，Q'，且 $\overrightarrow{P'Q'}=k\overrightarrow{PQ}$，我们来证明 F 是一个平移或位似变换。

对于平面上的一个定点 A 及任一点 P，它们在 F 下的像为 A' 及 P'，由题设有 $\overrightarrow{A'P'}=k\overrightarrow{AP}$。

(1) 当 $k=1$ 时，即 $\overrightarrow{A'P'}=\overrightarrow{AP}$。于是 $\overrightarrow{PP'}=\overrightarrow{PA'}+\overrightarrow{A'P'}=\overrightarrow{PA'}+\overrightarrow{AP}=\overrightarrow{AA'}$（如图 4.5，当 P，P' 与 A，A' 共线时，上式仍成立）。由于 $\overrightarrow{AA'}$ 是一个定向量，$\overrightarrow{PP'}=\overrightarrow{AA'}$ 说明变换 F 下的任一对对应点的连线平行于定方向，且对应点间的距离为定值 $|\overrightarrow{AA'}|$。所以变换 F 为平移 $T(\overrightarrow{AA'})$。

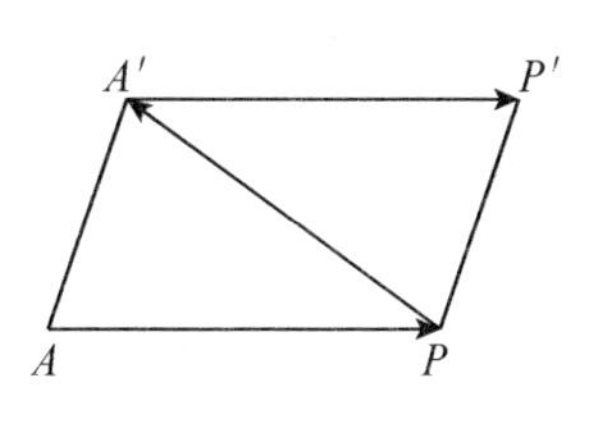

图 **4.5**

(2) 当 $k\neq 1$ 时，在直线 AA' 上取一点 O，使 $\overrightarrow{OA'}=k\overrightarrow{OA}$（要 $\overrightarrow{OA}+\overrightarrow{AA'}=k\overrightarrow{OA}$，只需取 $\overrightarrow{OA}=\dfrac{1}{k-1}\overrightarrow{AA'}$ 即可）。设 O 在 F 下的像为 O'，由题设条件得 $\overrightarrow{O'A'}=k\overrightarrow{OA}$。于是 $\overrightarrow{OA'}=\overrightarrow{O'A'}$，因此 O' 与 O 重合，即点 O 是 F 下的不变点。

于是对于 F 下的任一对对应点 P 和 P' 有（如图 4.6）

$$\overrightarrow{OP'}=\overrightarrow{OA'}+\overrightarrow{A'P'}+k\overrightarrow{OA}+k\overrightarrow{AP}=k(\overrightarrow{OA}+\overrightarrow{AP})=k\overrightarrow{OP}。$$

（上式也说明点 P 的像 P' 在直线 OP 上。）因此上述变换 F 是以 O 为位似中心，位似比为 k 的位似变换 $H(O,k)$。

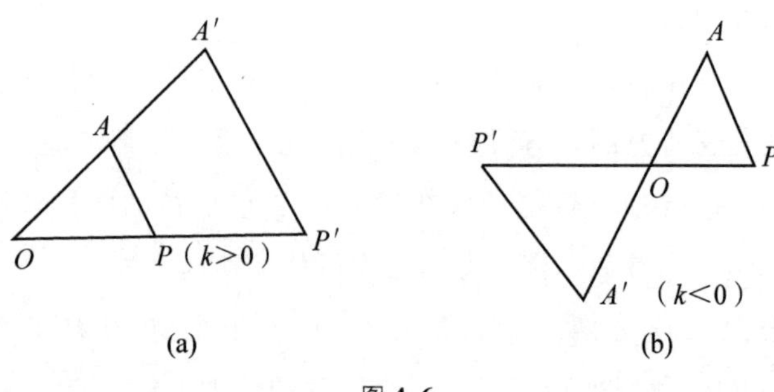

图 4.6

2. 位似变换的性质

(1)位似变换是平面上的一一变换

这是因为平面上任意两个不同的点，在位似变换下的像仍是不同的点，且平面上的每一点在位似变换下都有原像。

(2)平面上的恒同变换是一个位似变换

任取一点 O 为位似中心，位似比为 1 的位似变换 $H(O, 1)$下的任一对对应点 P 和 P'，适合$\overrightarrow{OP'}=\overrightarrow{OP}$，即 P'与 P 是同一点。这就说明位似变换 $H(O, 1)$把平面上的每一点都变成该点自己，即为恒同变换 $H(O, 1)=I$。

(3)每一个位似变换的逆变换仍是一个位似变换

由于$\overrightarrow{OP'}=k\overrightarrow{OP}$，所以$\overrightarrow{OP}=\dfrac{1}{k}\overrightarrow{OP'}$。因此得到以 O 为位似中心，位似比为 k 的位似变换的逆变换，是仍以 O 为位似中心，而位似比为$\dfrac{1}{k}$的位似变换，即$[H(O, k)]^{(-1)}=H\left(O, \dfrac{1}{k}\right)$。

(4)具有相同位似中心的任意两个位似变换的乘积，仍是一个具有相同位似中心的位似变换

设 $H(O, k_1)$和 $H(O, k_2)$是具有相同位似中心 O 的两个位似变换。对于任一点 P，如图 4.7。设

$$P \xrightarrow{H(O,\ k_1)} P' \xrightarrow{H(O,\ k_2)} P''。\qquad (4.1)$$

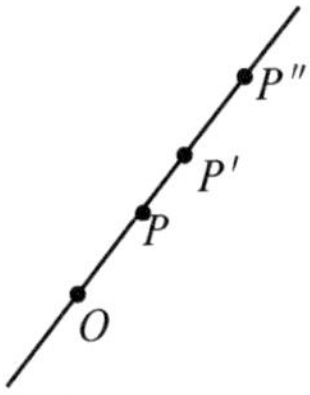

于是有$\overrightarrow{OP'}=k_1\overrightarrow{OP}$，$\overrightarrow{OP''}=k_2\overrightarrow{OP'}$，从而得到$\overrightarrow{OP''}=k_2k_1\overrightarrow{OP}$，即

$$P \xrightarrow{H(O,\ k_1,\ k_2)} P''。\qquad (4.2)$$

图 **4.7**

比较(4.1)(4.2)得

$$H(O,\ k_2)\cdot H(O,\ k_1)=H(O,\ k_1k_2)。$$

这就是说，接连施行具有相同位似中心 O 的两个位似变换的结果，相当于施行具有同一个位似中心 O 的一个位似变换，其位似比为前两个位似比的乘积。

(5)两个不同位似中心的位似变换的乘积，或者是一个位似变换(此时三个位似中心共线)，或者是一个平移(平移的方向平行于两个中心的连线)

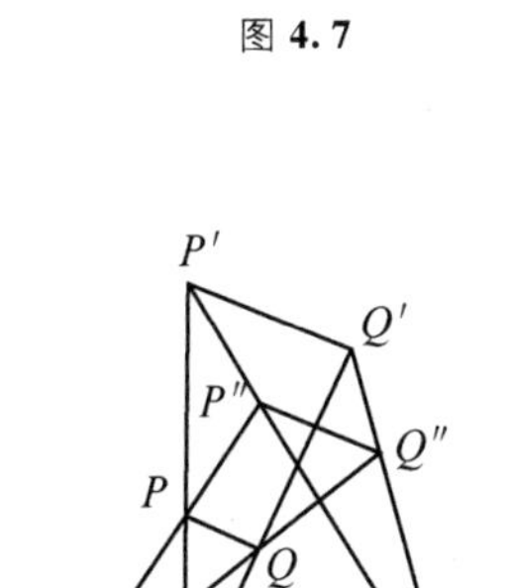

图 **4.8**

设 $H(O_1,\ k_1)$和 $H(O_2,\ k_2)$是任意两个位似变换，此处 $O_1\neq O_2$。对于平面上任意两点 P，Q，如图 4.8，设

$$P \xrightarrow{H(O_1,\ k_1)} P' \xrightarrow{H(O_2,\ k_2)} P'',$$

$$Q \xrightarrow{H(O_1,\ k_1)} Q' \xrightarrow{H(O_2,\ k_2)} Q''。$$

根据前面得到的结论，$\overrightarrow{P'Q'}=k_1\overrightarrow{PQ}$，$\overrightarrow{P''Q''}=k_2\overrightarrow{P'Q'}$，得$\overrightarrow{P''Q''}=k_1k_2\overrightarrow{PQ}$，由位似变换的判定定理，我们得到

当 $k_1k_2\neq 1$ 时，上述 $H(O_2,\ k_2)\cdot H(O_1,\ k_1)$是一个位似变换 $H(O_3,\ k_1k_2)$。因为直线 O_1O_2 通过位似中心 O_1 及 O_2，所以它在 $H(O_1,\ k_1)$及 $H(O_2,\ k_2)$下都是不变直线，因此必是 $H(O_3,\ k_1k_2)$下的不变直线，从而必通过位似中心 O_3。即 O_1，O_2，O_3

共线。

当 $k_1k_2=1$ 时，乘积 $H(O_2, k_2)\cdot H(O_1, k_1)$ 是一个平移。且对于它的任意一对对应点 P 和 P''(如图 4.9)有

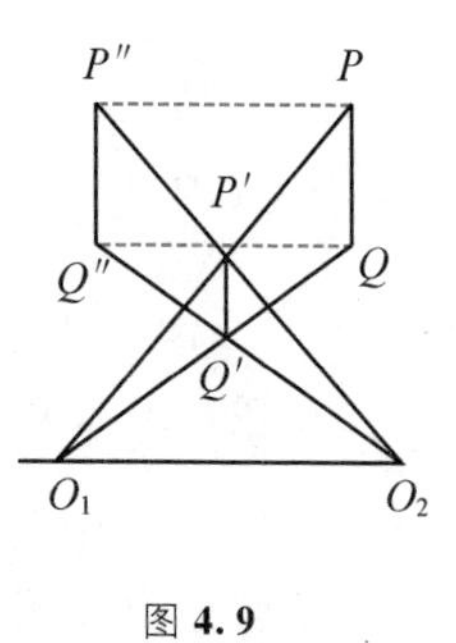

图 4.9

$$
\begin{aligned}
\overrightarrow{PP''} &= \overrightarrow{PO_1}+\overrightarrow{O_1O_2}+\overrightarrow{O_2P''}\\
&= -\frac{1}{k_1}\overrightarrow{O_1P'}+\overrightarrow{O_1O_2}+k_2\,\overrightarrow{O_2P'}\\
&= -k_2\,\overrightarrow{O_1P'}-k_2\,\overrightarrow{P'O_2}+\overrightarrow{O_1O_2}\\
&= -k_2(\overrightarrow{O_1P'}+\overrightarrow{P'O_2})+\overrightarrow{O_1O_2}\\
&= -k_2\,\overrightarrow{O_1O_2}+\overrightarrow{O_1O_2}=(1-k_2)\overrightarrow{O_1O_2}。
\end{aligned}
$$

说明平移的方向平行于两个位似中心的连线 O_1O_2。

§4.2 位似变换原理的应用

本节介绍应用位似变换原理制成的绘图工具“放缩尺”，以及位似变换原理在用小平板测量仪绘制平面图中的应用。

1. 放缩尺的应用

使用根据位似变换原理制造的“放缩尺”可以很方便地按照指定的比把一个图形放大或缩小。

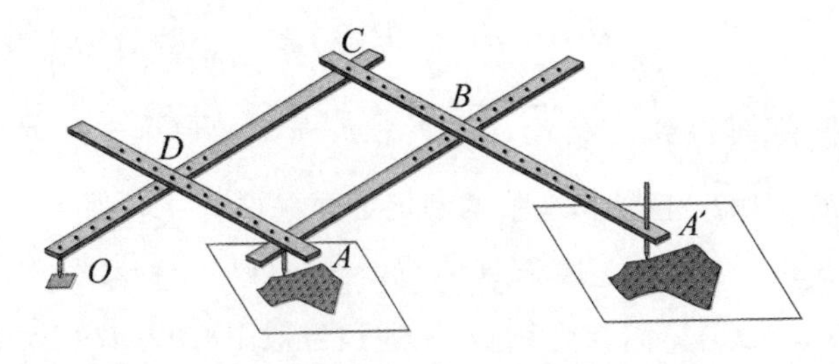

图 4.10

放缩尺的构造如图 4.10 所示。把钻有若干小孔的四条直尺用

螺栓分别在 A，B，C，D 连接起来，使直尺可以绕着这些点转动，并使

$$OD=DA=BC，且\ DC=AB=BA'。\tag{4.3}$$

这样，不论直尺如何转动，四边形 $ABCD$ 总是平行四边形，而$\triangle ODA$ 与$\triangle OCA'$总是等腰三角形，于是有

$\angle ODA=\angle OCA'$，

$\angle DOA=\frac{1}{2}(180°-\angle ODA)=\frac{1}{2}(180°-\angle OCA')$

$=\angle COA'$。

因此，点 O，A，A'在同一条直线上(如图 4.11)

设$\frac{OA'}{OA}=\frac{OC}{OD}=k$，或$\frac{OA}{OA'}=\frac{OD}{OC}=\frac{1}{k}$，于是当点 O 的位置固定时，无论直尺如何转动，点 A'和 A 都是以 O 为外位似中心，位似比为 k 的位似变换下的一对对应点。或者点 A 和 A'都是以 O 为外位似中心，位似比为$\frac{1}{k}$的位似变换下的一对对应点。

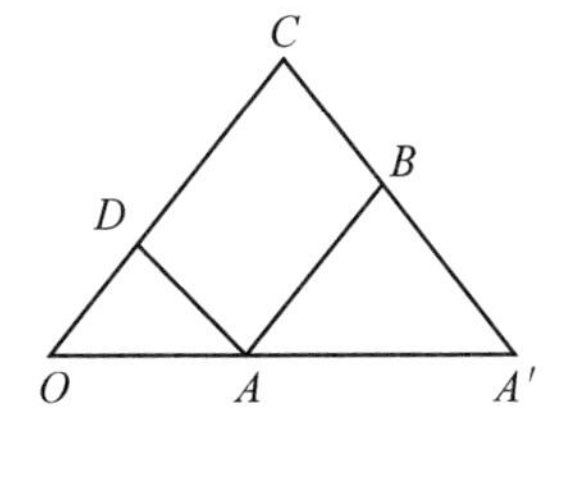

图 **4.11**

当我们要放大某图形时(例如放大成 $k(>1)$倍)，只需将点 D 定在适合 $OC:OD=k$ 的位置，并按条件(4.3)调整好 A，B 的位置，然后在尺上的点 A 处装上尖针，将空白图纸固定在点 A'的下方，并在尺上点 A'处装上画笔。当尺上尖针 A 沿着所给的图形移动时，尺上点 A'处的画笔就在图纸上画出将所给图形放大成 k 倍的图形。

当我们要缩小某图形时(例如缩小成$\frac{1}{k}(<1)$)。只需在按放大成 k 倍调整好各点位置的上述装置上，将尖针和画笔的位置进行

交换，即在 A 处置画笔，而在 A' 处置尖针，并交换所给图形和空白图纸的位置。即将所给图形放置在 A' 下方，而将空白图纸置于 A 下方。当沿所给图形移动尖针 A' 时，画笔 A 即在空白图纸上描出将所给图形缩小成 $\frac{1}{k}$ 的图形。

通过改变 D 的位置，可以任意调整放大和缩小的比例。

2. 用小平板仪测绘平面图

在兴修水利、规划农田、筑路架桥等基建工程中，往往需要测绘出该区域的平面图。当对测绘的图形的要求不是高度精密时，通常使用一种简易的测绘工具——小平板仪来进行。小平板仪测绘平面图主要是应用了位似变换的原理。

小平板仪的主要部件以及它们的功用，简述如下(如图 4.12)：

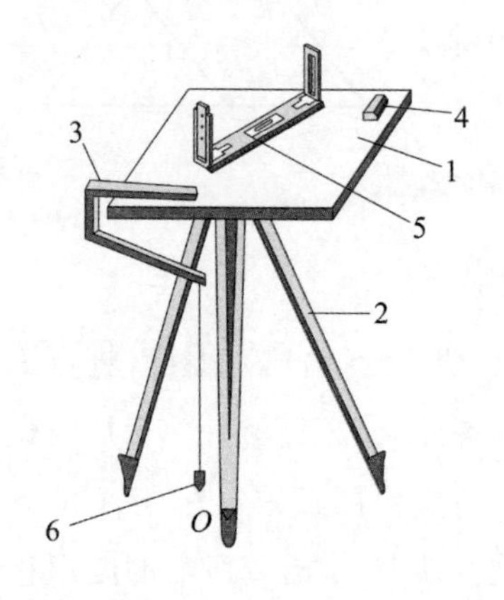

1—平板，2—三脚架，
3—移点器，4—方框罗盘，
5—照准仪，6—重锤

图 **4.12**

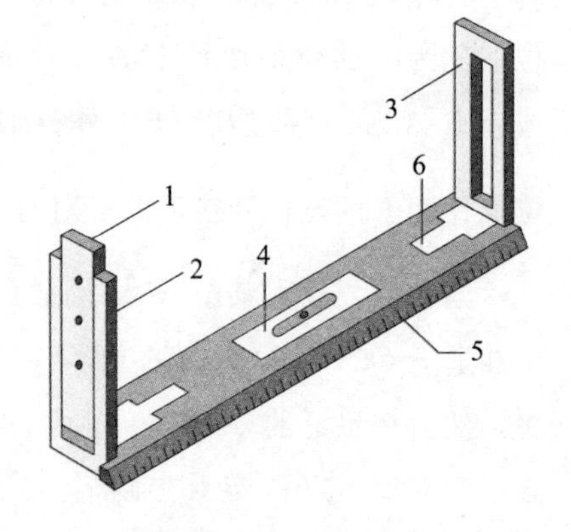

1—伸拔板，2—觇孔板，
3—分划板，4—水准管，
5—直尺，6—水准校正杆

图 **4.13**

(1)平板与三脚架：三脚架用来支撑与固定平板，并调节平板成水平位置。在平板上固定好图纸，以便将观察结果绘成图形。

(2)照准仪(如图 4.13)：照准仪用来观察和瞄准目标，并在图纸上绘出方向线(从测站指向目标的射线)。它的底板中央嵌有一水准器，可以用来检查或校正平板的各个方向是否成水平位置。将底板一端的觇孔板或伸拔板(俯视或仰视时拨出使用)上的小孔、底板另一端分划板上的照准丝和目标对准时，就确定了从测站指向目标的方向线。这时，沿底板上的直尺的边缘画出的直线，或按预定的比例尺画出的线段，就是和实际的方向线或同方向的线段相对应的线段。

(3)移点器：由曲杆与重锤用细绳连接而成。用来使图纸上的测站(图 4.12 中的 O')与实地的测站(图 4.12 中的 O)在同一条铅垂线上。

(4)方框罗盘：长方形的木盒内装磁针构成。用来在图纸上标出南北方向线，或检查图纸上的南北方向线与实际的南北方向线是否一致(据此固定或调整小平板)。

测绘平面图时，使用的工具还有标杆、卷尺和测针等。

用小平板仪测绘平面图，通常使用的方法有射线法和交会法。

(1)射线法：当测绘地区的范围不很大，选定测站能通视各测点，并能直接测量出该测站到各测点的距离时，使用射线法(如图 4.14)。

在测站 O 上安置小平板仪，使它成水平位置。使用移点器，使平板的图纸上的测站 O' 与实际的测站 O 在同一铅垂线上(即 O' 与 O 相对应)。将照准仪的直尺边缘紧靠点 O' 转动，使觇孔、照准丝和测点 A 处的标杆对准，沿直尺边缘画出方向线 a，测量出测点

A 到测站 O 之间的水平距离，按预定的比例尺 $1:k$ 在已画出的方向线 a 上画出线段 $O'A'$。这样就在图纸上确定了与测点 A 相对应的点 A' 的位置。

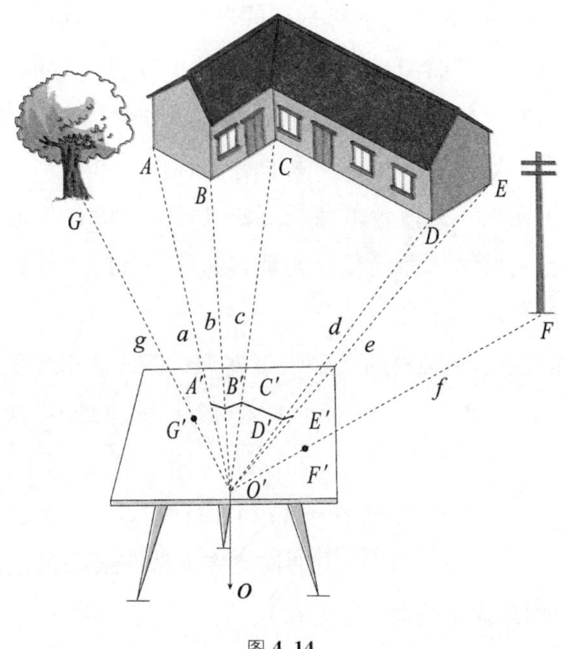

图 4.14

用同样的方法，可在图纸上测定方向线 b，c，…上与测点 B，C，…相对应的点 B'，C'，…的位置，所有各测点的相应位置都在图纸上测定之后，就可描绘出该地区的平面图。

如果把上述测绘过程中图纸上的点 O' 和实际测站 O 看作同一个点，那么，点 A' 和 A，B' 和 B，C' 和 C，…的连线都经过同一个点 O'，而且

$$\frac{O'A'}{O'A}=\frac{O'B'}{O'B}=\frac{O'C'}{O'C}=\cdots=\frac{1}{k}。$$

即点 A'，B'，C'，…和点 A，B，C，…是以 O' 为位似中心，以 $\frac{1}{k}$ 为外位似比的外位似对应点。这样画出的平面图就和实际的地面图形位似，比例尺为 $1:k$。

(2)交会法：当选定的测站可以通视各测点，但测站到某些测点之间的距离不能直接测量出来时，可用交会法。

例如 A，B 两点在河对岸，不能实际测量出到 A，B 的实际水平距离，如何用小平板仪测绘出包括 A，B 在内的平面图呢？

我们取定两个测站 O_1 和 O_2，测出它们之间的水平距离，并按预定的比例尺 $1:k$ 在图纸上适当的位置画出它们的对应点 O'_1 和 O'_2。

先将小平板仪在测站 O_1 上安置好，使成水平位置，转动平板，使用照准仪，使图纸上的 $O'_1O'_2$ 方向与地面上 O_1O_2 方向一致，固定平板，然后，用照准仪观测各观测点，在图纸上分别画出指向各测点的对应的方向线，例如图 4.15 中与方向线 a_1，b_1 对应的方向线 O'_1A'，O'_1B'。

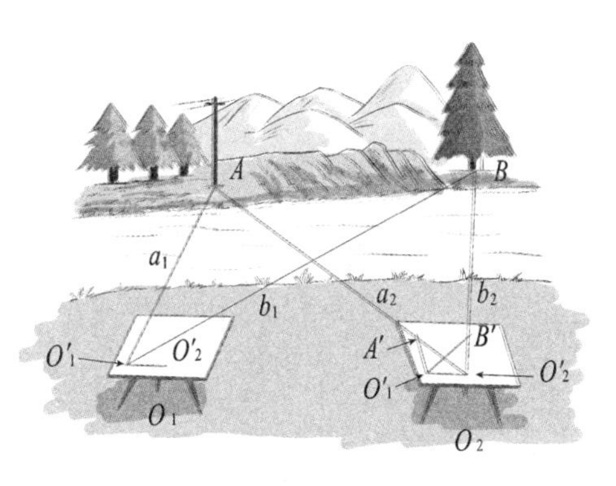

图 **4.15**

再将小平板安置到测站 O_2 上，使它成水平位置，并使图纸上的 $O'_2O'_1$ 的方向与地面上的 O_2O_1 的方向一致，固定平板。然后，用照准仪观测各测点，在图纸上分别画出指向各测点的对应的方向线，例如图 4.15 中与方向线 a_2，b_2 对应的方向线 O'_2A'，O'_2B'。

于是，射线 O'_1A' 和 O'_2A' 的交点可以确定图纸上与测点 A 相

对应的点 A' 的位置；同样，射线 O'_1B' 和 O'_2B' 的交点可以确定图纸上与测点 B 相对应的点 B' 的位置。不能直接测量距离的其他测点在图纸上的对应点的位置，同样确定。这就是交会法。

由上述测绘过程可知，图纸上的 $\triangle O'_1O'_2A'$ 与实际的 $\triangle O_1O_2A$，图纸上的 $\triangle O'_1O'_2B'$ 与实际的 $\triangle O_1O_2B$，各有两组对应角相等，所以它们是相似的。于是 $\frac{O'_2B'}{O_2B}=\frac{O'_1O'_2}{O_1O_2}=\frac{1}{k}$。又由于连线 AA'，BB'，$O'_1O'_2$ 都通过 O'_2 于是得到四边形 $O'_1O'_2B'A'$ 与四边形 O_1O_2BA 是位似图形，位似中心在 O'_2，位似比为 $\frac{1}{k}$。

这样，我们就用交会法画出了包括距离不能直接测量的 A，B 两点在内的、比例尺为 $1:k$ 的平面图。

§4.3 应用位似变换解题举例

1. 用位似变换解证明题

例 1 如图 4.16，已知 PT，PB 是 $\odot O$ 的切线，AB 是直径，H 为 T 在 AB 上的射影，求证 PA 平分 TH。

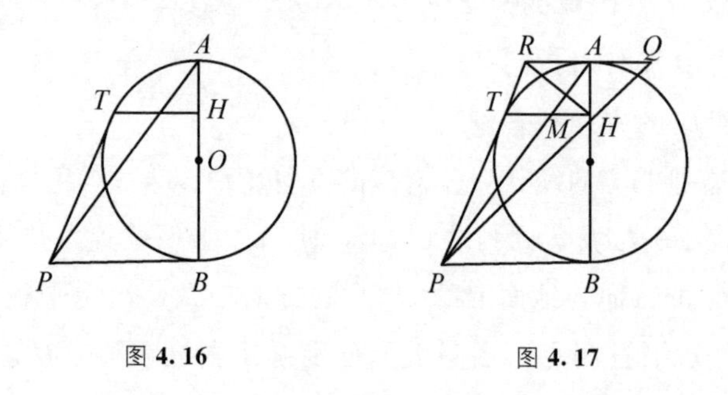

图 4.16　　　图 4.17

分析与证 要证 PA 平分 TH，即证 PA 与 TH 的交点 M 是

TH 的中点(如图 4.17)。若以 P 为位似中心，A 为 M 的对应点，则只要证明 TH 的位似图形被 A 平分即可。为此，过 A 作 TH 的平行线(即过 A 作 $\odot O$ 的切线)交 PT 的延长线于 R，交 PH 连线的延长线于 Q，则 RO 即为 TH 在上述位似变换下的像。现在只需证明 A 为 RQ 的中点。

由 $RQ \perp AH$，连接 RH，只需证明 $\angle HRA = \angle HQA$。注意到 $RQ /\!/ PB$，有 $\angle HQA = \angle HPB$，因此只需证明 $\angle HRA = \angle HPB$。在 $\mathrm{Rt}\triangle HRA$ 与 $\mathrm{Rt}\triangle HPB$ 中，$\dfrac{AH}{HB} = \dfrac{RT}{TP} = \dfrac{RA}{PB}$。所以 $\triangle HRA \backsim \triangle HPB$，于是有 $\angle HRA = \angle HPB$.

注　本题若不用上述位似变换，而用以 A 为位似中心，P 为 M 的对应点的位似变换，也可解此题。留给读者思考。

2. 用位似变换解作图题

例 2　给定两个同心圆 S_1 和 S_2，求作直线 l，依次交两圆于 A，B，C，D(如图 4.18)使，$AB = BC = CD$。

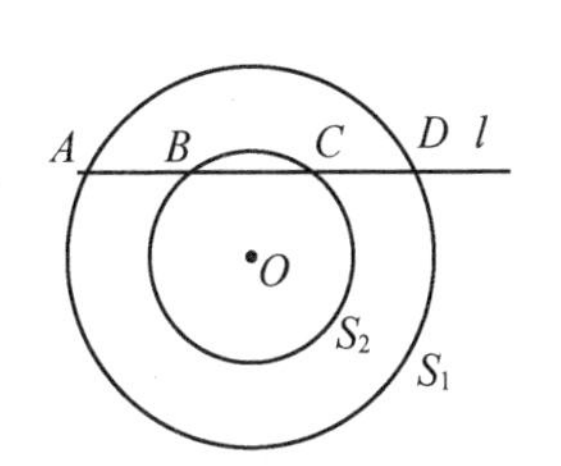

图 4.18

分析　由于两圆同心及圆的对称性可得，若一直线与两圆相交于四点 A，B，C，D(如图 4.18)，则必有 $AB = CD$，因此本题可归结为下列作图题：

过已知圆 S 外一点 A，求作割线与圆 S 交于 B，C，使 $AB = BC$(如图 4.19)。

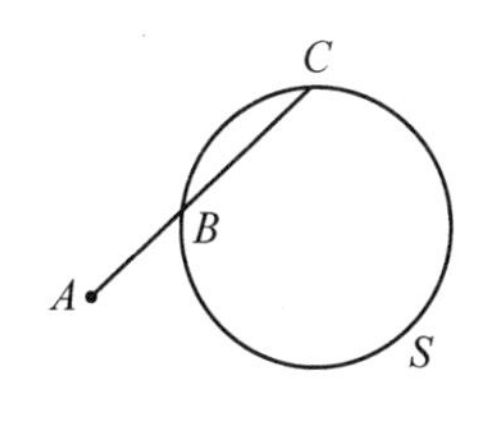

图 4.19

下面先来解这个作图题。

我们用位似变换的观点来分析，上述 A，B，C 满足的条件可以表示为 $\overrightarrow{AB} = \dfrac{1}{2}\overrightarrow{AC}$，由

此可以把点B看成是点C在以定点A为位似中心，位似比为$\frac{1}{2}$的外似变换$H\left(A,\frac{1}{2}\right)$下的像。因此若作出圆$S$与上述变换$H\left(A,\frac{1}{2}\right)$下的像即圆$S'$，则所求点$B$必在圆$S'$上。由于题设要求点$B$也在圆$S$上，所以$S'$与$S$的交点即为所求点$B$。连接$A$，$B$的直线即为所求的割线。圆$S'$与圆$S$有几个交点，本题就有几解。

圆S在位似变换$H\left(A,\frac{1}{2}\right)$下的像即圆$S'$的作法如下(如图4.20)：

设圆S的中心为O，半径为r。以AO的中点O'为圆心，$\frac{r}{2}$为半径的圆，即为S'。

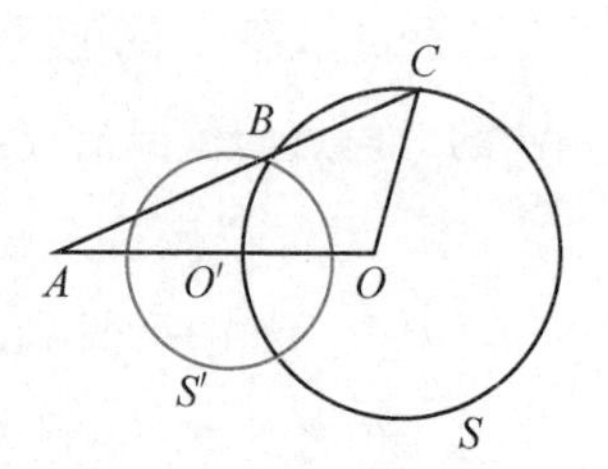

图 4.20

于是得到例2的解为：在圆S_1上任取定一点A，先作出圆S_2在以A为位似中心，位似比为$\frac{1}{2}$的位似变换$H\left(A,\frac{1}{2}\right)$下的像即圆$S'_2$，$S'_2$与$S_2$的交点即为所求点$B$，过$A$，$B$所作直线$l$即为所求(证明和讨论略)。

例3　已知不互相平行的两直线l，m，及不在两直线上的一点F，在m上求一点P，使P到F与P到l的距离相等。

分析　本题可以重新叙述为：在直线m上求一点P，使得以P为圆心且与直线l相切的圆恰通过点F(如图4.21)。

图 4.21

若暂时不要求所作的圆过点 F，这样的圆可作无穷多个。在 m 上任取一点 P_0，以 P_0 为圆心，P_0 到 l 的距离为半径的圆 S_0 即与 l 相切。这样的圆 S_0 与所求作的圆 S 是位似图形，位似中心是 l 与 m 的交点 O，位似比为 $\frac{OF}{OF_0}$，此处 F_0 是 OF 与圆 S_0 的交点。因此所求点 P 是点 P_0 在上述位似变换 $H\left(O, \frac{OF}{OF_0}\right)$ 下的像。于是得本题的作法如下(如图 4.22)：

(1)在 m 上任取一点 P_0，以 P_0 为中心，P_0 到 l 的距离为半径作圆 S_0；

(2)连接直线 m 与 l 的交点 O 与定点 F，作出 OF 与圆 S_0 的交点 F_0；

(3)连接 F_0P_0，过 F 作 F_0P_0 的平行线与 m 的交点即所求点 P。(讨论与证明略)

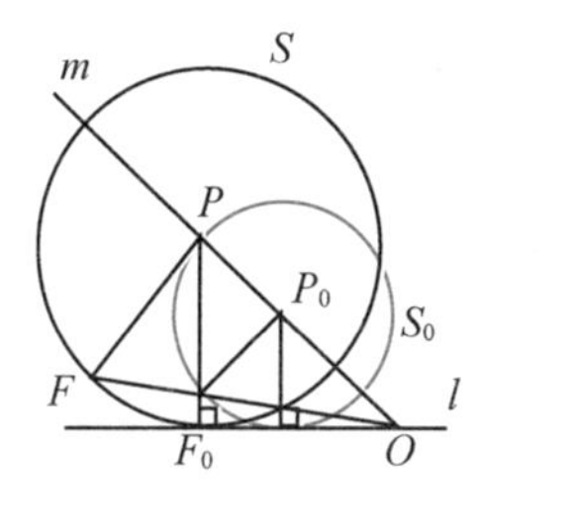

图 **4.22**

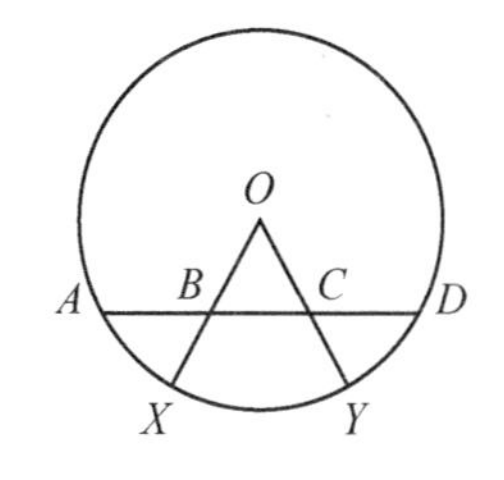

图 **4.23**

先放弃某个条件，可作出与求作图形位似的图形，然后利用位似变换，得到求作的图形。这是解满足多个条件的作图题常用的方法之一。

例如在已知圆内求作一弦，恰被两已知半径三等分(如图 4.23)。在求作图形应满足的多个条件中，先放弃某个条件暂不要求，这样可作出与所求作图形位似的图形，然后再用位似变换求出也符合所弃条件的那一个图形。请读者运用此法试解此题。

§4.4 位似变换与其他变换的关系

1. 位似变换与平移

当位似中心 O 越来越远时，位似比$\frac{OP'}{OP}$越来越接近于 1. 设想点 O 变到无穷远处时，可将位似比看成 1。这时从位似中心 O(在无穷远处)发出的射线可以看成是互相平行的(如图 4.24)。设任意三点 A，B，C 在上述位似变换下的像为 A'，B'，C'，于是 $AA' /\!/ BB' /\!/ CC'$。另一方面，由于位似变换把任一线段变成与它平行的线段，且对应线段之比等于位似比，所以有 $AB /\!/ A'B'$，$BC /\!/ B'C'$，$CA /\!/ C'A'$ 且$\frac{A'B'}{AB}=\frac{B'C'}{BC}=\frac{C'A'}{CA}=1$(如图 4.24)。因而有 $AA' \underline{\underline{/\!/}} BB' \underline{\underline{/\!/}} CC'$。这个关系式说明 A 与 A'，B 与 B'，C 与 C' 是平移 $T(\overrightarrow{AA'})$下的对应点。因此上述位似变换即为平移变换。于是我们可以把平移变换看成是位似变换当位似中心变到无穷远处时的一个极限情形(此时位似比为 1)。

把平移也归结为位似变换以后，§4.1 关于位似变换的判定定理和关于有不同位似中心的两个位似变换的乘积的结论，就可以重新叙述。

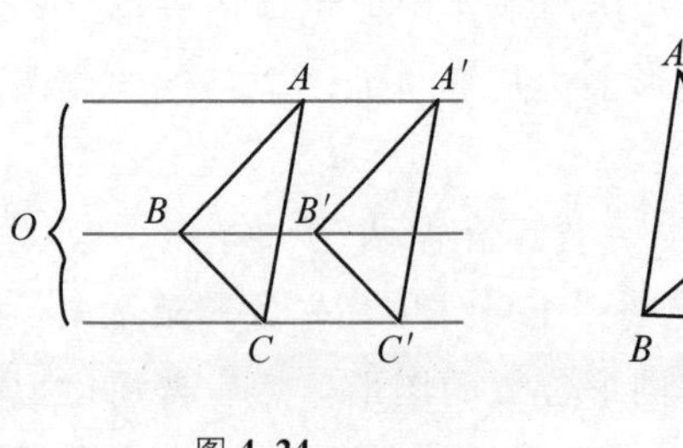

图 4.24

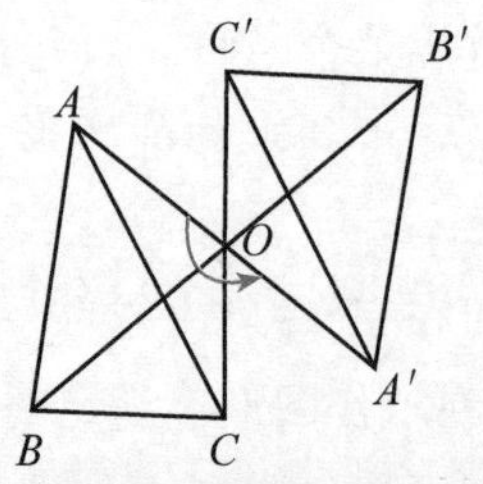

图 4.25

2. 位似变换与中心对称

以点 O 为位似中心，位似比为 -1 的位似变换，就是以 O 为对称中心的中心对称变换，即以 O 为旋转中心旋转角为 π 的旋转变换(如图 4.25)。

3. 位似与相似

我们把将一个图形变成它的相似图形的变换称为相似变换。

任一相似变换总可以分解为一个等距变换与一个位似变换的乘积。或者换个说法，任意两个相似图形，一定可以把其中一个经等距变换和位似变换变成另一个。

我们以三角形为例来证明上述结论。

已知$\triangle ABC \backsim \triangle A'B'C'$。设与顶点 A，B，C 对应的顶点分别为 A'，B'，C'，则必可以经过轴反射、平移、旋转和位似变换或者不需要经过轴反射，只经过平移、旋转和位似变换，把$\triangle ABC$变成$\triangle A'B'C'$。

若$\triangle ABC \backsim \triangle A'B'C'$，对应顶点 A，B，C 和 A'，B'，C' 按此顺序排列时，同为逆时针方向或同为顺时针方向，则称它们为同向相似；若一为逆时针方向，另一为顺时针方向，则称它们为反向相似。

若$\triangle ABC$ 与 $\triangle A'B'C'$ 反向相似时，变换过程如下(如图 4.26)：

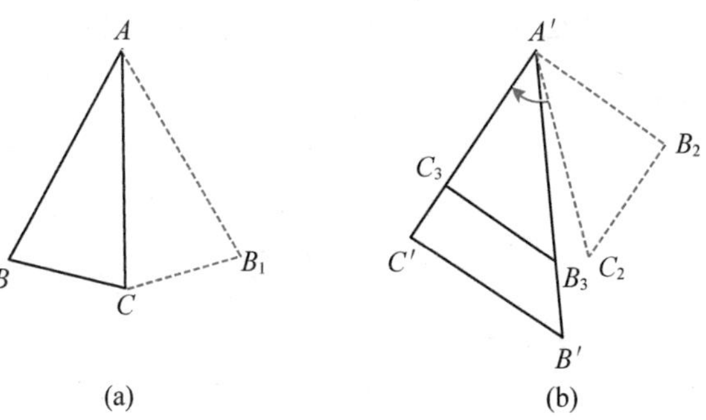

图 **4.26**

$$\triangle ABC \xrightarrow[S(AC)]{\text{轴反射}} \triangle AB_1C \xrightarrow[T(\overrightarrow{AA'})]{\text{平移}} \triangle A'B_2C_2 \xrightarrow[R(A',\ \angle C_2A'C')]{\text{旋转}}$$

$$\triangle A'B_3C_3 \xrightarrow[H\left(A',\ \frac{A'C'}{A'C_3}\right)]{\text{位似变换}} \triangle A'B'C',$$

此处 $S(AC)$ 表示以直线 AC 为轴的轴反射；

$T(\overrightarrow{AA'})$ 表示依向量 $\overrightarrow{AA'}$ 的平移；

$R(A',\ \angle C_2A'C')$ 表示以 A' 为旋转中心，旋转角为 $\angle C_2A'C'$ 的旋转；

$H\left(A',\ \dfrac{A'C'}{A'C_3}\right)$ 表示以 A' 为位似中心，位似比为 $\dfrac{A'C'}{A'C_3}$ 的位似变换。

若 $\triangle ABC$ 与 $\triangle A'B'C'$ 同向相似，例如图 4.26 中的 $\triangle AB_1C$ 与 $\triangle A'B'C'$，则无需进行轴反射，直接从图 4.26 中的 $\triangle AB_1C$ 开始，经过上述变换过程中的第 2 步平移，第 3 步旋转及第 4 步位似变换，变成 $\triangle A'B'C'$。

上述结果也可以叙述为：两个相似三角形，总可以将其中一个经过一次平移和一次旋转，必要时先经过一次轴反射，使它们成为位似图形。

思考　对于相似三角形 ABC 和 $A'B'C'$，若是反向相似的，把其中一个变成另一个时，能否先进行平移，旋转，位似变换，最后再进行轴反射？各种变换施行的先后顺序能否随意变动？

习题 4

1. 如图 4.27，已知 PT，PB 是$\odot O$ 的切线(T，B 为切点)，AB 是直径，$TH\perp AB$ 于点 H，TH 与 AP 交于点 M，求证 PA 平分 TH。(要求用以 A 为位似中心，P 为 M 的对应点的位似变换来证)

2. 如图 4.28，已知$\triangle ABC$，求作一内接正方形 $DEFG$，使 DE 在 BC 上，F 在 AC 上，G 在 AB 上。

3. 如图 4.29，在定圆中，求作一弦，使其被两条已知半径三等分。

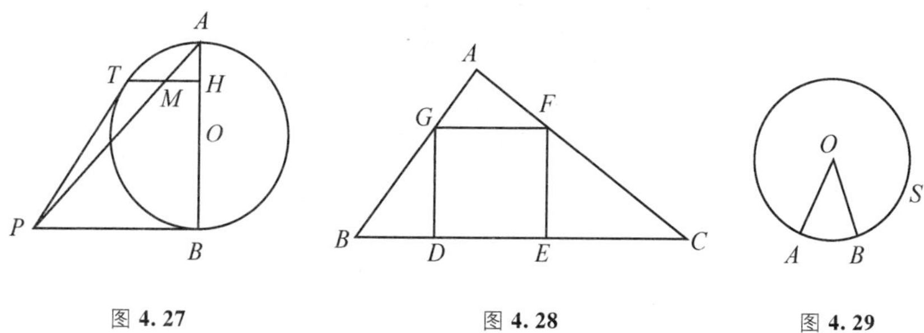

图 4.27　　图 4.28　　图 4.29

§5. 平行投影

§5.1 平面到平面的平行投影

阳光照在窗户上，窗户的玻璃上贴着各种图形，有圆的，有正方形的，有正三角形的，它们在地面上的影子，各是什么形状的图形呢？

图 5.1

我们通常把太阳光线看成是平行光线，于是上述问题就是：平面上的一个图形，在平行光线照射下，投到另一个平面上的影子，与原来的图形有些什么关系？形状会发生哪些变化？

已知平面 π 及 π'，直线 d 与 π 及 π' 皆不平行，对于平面 π 上任一点 P，过 P 作直线平行于 d，交平面 π' 于点 P'（如图 5.2），我们指定点 P' 与点 P 对应。这样得到的平面 π 与 π' 的点之间的对应，称为平面 π 到平面 π' 的平行投影。直线 d 的方向称为投射方向。点 P' 称为点 P 在上述平行投影下的像，而

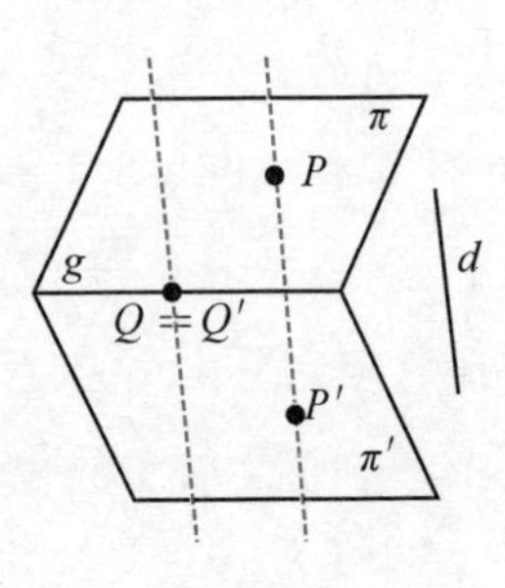

图 5.2

点 P 称为点 P' 的原像(或逆像)，P 和 P' 称为平行投影下的一对对应点。若一点与它的像重合，则称为自对应点。平面 π 和 π' 的交线 g 上的每点 Q，都是自对应点，交线 g 称为对应轴。

由于在平行投影下，平面 π 上任何两个不同点在平面 π' 上的像都不相同，而且，平面 π' 上每一点 P' 在 π 上都有原像(过 P' 作平行于 d 直线，与平面 π 的交点即为 P' 的原像 P。如图 5.2)，因此，我们说，平面 π 到平面 π' 的平行投影是 π 和 π' 的点之间的一一对应。

从上述建立平行投影的方法我们得到：只要给出投射方向，平面 π 上每一点的像就唯一确定了。因此我们说，平行投影由投影方向唯一决定(或完全决定)。又因为平行投影下每一对对应点 P 和 P' 的连线 PP' 都与投射方向平行，因此，只要告诉我们一对对应点，这个平行投影的投射方向我们就知道了——与这对对应点连线平行的方向即为投射方向。于是我们得到：平行投影由它的一对对应点完全决定。

例如，已知在某个平行投影下，平面 π 上一点 A 在平面 π' 上的像为点 A'，求在该平行投影下，平面 π 上任一点 P 在平面 π' 上的像。由 AA' 平行于该平行投影的投射方向，因此过 P 作 AA' 的平行线与平面 π' 的交点 P' 即为点 P 的像，如图 5.3。

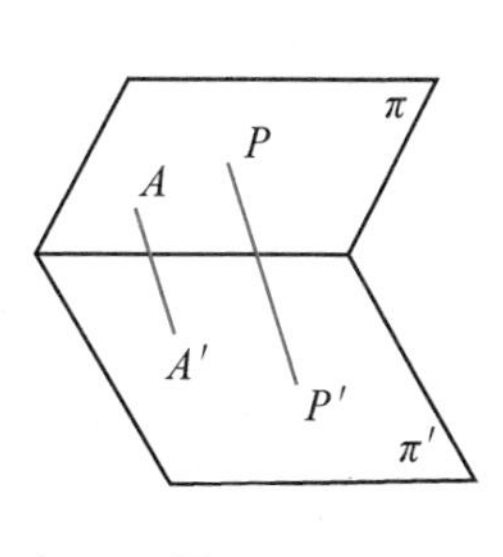

图 **5.3**

现在问，在图 5.3 中，过点 P 平行于 AA' 的直线与平面 π' 的交点 P'，具体应画在何处？即点 P' 的具体位置在图中应如何确定？由于点 P' 的具体位置要根据平行投影的有关性质才能确定，因此在下一节我们讨论了平行投影的有关性质以后，图中交点 P' 就能顺利做出。

§5.2 图形在平行投影下不变的性质和不变量

我们知道图形是由点组成的。由上一节我们知道，平面 π 到平面 π' 的平行投影，把平面 π 上的每一个点 P 变成平面 π' 上的一个点 P'。于是 π 上组成图形 F 的每一点，在 π' 上都有像，所有这些像(点)的集合，组成 π' 上的一个图形 F'，我们就称图形 F' 是图形 F 在平行投影下的像，图形 F 是图形 F' 的逆像。

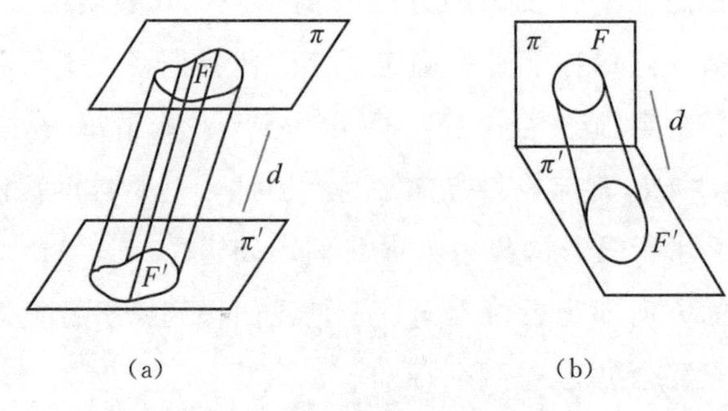

图 5.4

当平面 π 和平面 π' 平行时，图形 F 和它的像图形 F' 是全等图形。图形 F' 可以看成是将图形 F 在空间沿着投射方向平行移动得到的。图形的形状和大小都没有发生变化(如图 5.4(a))。

当 π 和 π' 不平行时，图形 F 的像图形 F' 的形状一般都要发生变化(如图 5.4(b))。这种变化有哪些规律呢？为了回答这个问题，我们需要研究平行投影的基本性质。

性质 1 平行投影把直线还变成直线。

过平面 π 上的直线 l 上的每一点，作平行于 d 的直线，由所有这些直线与平面 π' 的交点组成的图形，就是直线 l 在平行投影下的像。注意到，过 l 上所有点作的平行于 d 的直线，构成一个平面 α

（过直线l平行于d的平面）。因此，上述所有直线与平面π'的交点组成的图形，就是平面α与平面π'的交线——直线l'（如图5.5）。因此得到，直线l的像是直线l'。

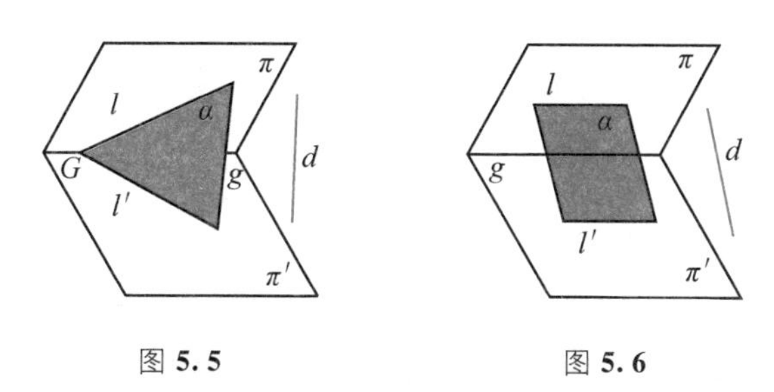

图 **5.5**　　　　图 **5.6**

当直线l平行于两平面π和π'的交线即对应轴g时，由立体几何知识可知，这时平面α平行于直线g，且平面α与平面π'的交线l'也平行于直线g（如图5.6）。于是有$l /\!/ l'$。

当直线l不平行于两平面π和π'的交线g时，设l与g交于点C，则平面α与g交于点G，于是平面α与平面π'的交线l'必通过g上的点G（如图5.5），即直线l与l'相交在对应轴上。

于是我们有：

任意一条直线，与它在平行投影下的像直线，或者互相平行，都平行于对应轴；或者相交，交点在对应轴上。

根据性质1，我们还可以得到：

平行投影保持“点在直线上”这个关系不变。即若点A在直线l上，则像点A'必在像直线l'上。而且反过来也成立，即若点A的像A'在直线l的像l'上，则点A必在直线l上。因而两条直线交点的像，必为两条像直线的交点。于是相交直线仍变成相交直线，三线共点仍变成三线共点。

由此我们立即可得，若A，B的像为A'，B'，则直线AB的

像即为直线 $A'B'$。

若 A，B，C 三点共线，则它们在平行投影下的像 A'，B'，C' 亦必共线，即平行投影把共线三点仍变成共线三点。

运用性质 1(包括由它得到的上述诸推论)，现在可以来解决上节末的那个问题了。

例 1 已知平面 π 与 π' 的平行投影下的一对对应点 A 和 A'，求作平面 π 上任一点 P 在平面 π' 上的像点 P'。

当点 P 在 π 和 π' 的交线(对应轴) g 上时，P' 即为 P。当 P 不在对应轴 g 上时，对点 P 的位置分两种情形来讨论。

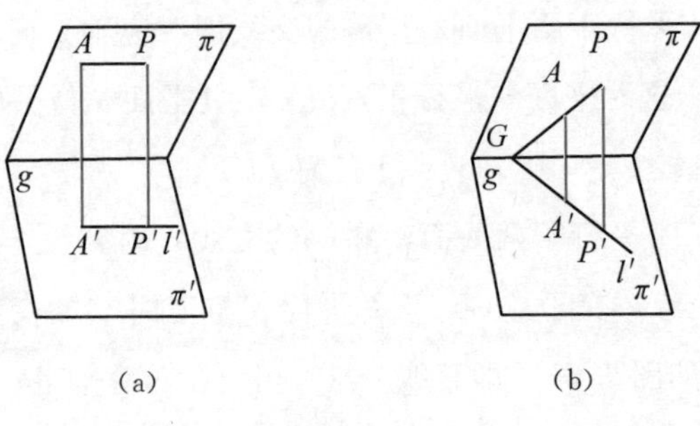

图 5.7

(1)若 A，P 的连线平行于对应轴 g，由性质 1 及其推论知，直线 AP 的像为 π' 上过点 A' 且平行于 AP 的直线 l'。因为 P 在直线 AP 上，所以 P' 应在直线 l' 上。另一方面，又应该有 $PP' /\!/ AA'$，所以点 P' 应位于过 P 所作平行于 AA' 的直线与过点 A' 所作平行于 AP 的直线 l' 的交点处。如图 5.7(a)。

(2)若 A，P 的连线不平行于对应轴 g，作出直线 AP 与 g 的交点 G，则根据性质 1 得到，直线 AP 的像为 π' 上过 A' 及 G 的直线 l'. 因为 P 在直线 AP 上，所以 P' 应在直线 l' 上。另一方面，又应该有 $PP' /\!/ AA'$，所以点 P' 应位于过 P 所作平行于 AA' 的直线与直线l'(即直线 $A'G$)的交点处，如图 5.7(b)。

性质 2　以共线三点 A，B，C 为端点的两条线段 AB 与 BC 的长度之比，在平行投影下保持不变(同样，线段 AB 与 AC、线段 AC 与 BC 的长度之比也不变)。

设 A，B，C 在直线 l 上，且在投射方向平行于 d 的平投影下，直线 l 的像为直线 l'，则 A，B，C 三点的像 A'，B'，C'在直线 l' 上。我们来证明，l 上线段 AB 与 BC 的长度之比，与 l'上线段 $A'B'$与 $B'C'$的长度之比相等，即$\dfrac{AB}{BC}=\dfrac{A'B'}{B'C'}$。

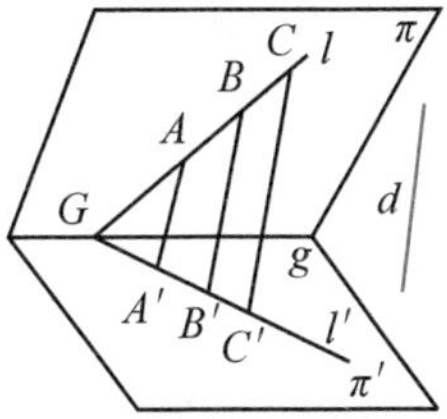

由性质 1 我们得到，l'与 l 或者互相平行，或者相交于对应轴 g 上同一点 G(后一种情形如图 5.8)。在直线 l 和 l'决定的平面内，由 $AA'\parallel BB'\parallel CC'(\parallel d)$，根据平行截割定理，我们得到

$$\frac{AB}{BC}=\frac{A'B'}{B'C'}\left(\text{以及}\frac{AB}{AC}=\frac{A'B'}{A'C'}\text{和}\frac{AC}{BC}=\frac{A'C'}{B'C'}\right)。$$

图 5.8

特别地，若 B 是线段 AC 的中点，则性质 2 告诉我们：平行投影把线段的中点仍变成线段的中点。

我们把线段 AB 看成是线段 AB 上所有点的集合。对于线段 AB 上任一点 P，我们得到一个比值$\dfrac{AP}{AB}=\lambda$(P 与 A 重合时，$\lambda=0$；P 与 B 重合时，$\lambda=1$；P 在 A，B 之间时，$0<\lambda<1$). 反过来对于介于 0，1 之间的任一个值 λ，在线段 AB 上有一个点 P，使$\dfrac{AP}{AB}=\lambda$；$\lambda=0$ 时，P 即为点 A；$\lambda=1$ 时，P 即为点 B。这样，我们就在数 $\lambda(0\leqslant\lambda\leqslant1)$与线段 AB 上的点之间建立了一个一一对应，当 λ 取遍从 0 到 1 的所有数值时，它所对应的点就组成整个线段 AB。

若 A，B 的像为 A'，B'。线段 AB 上一切点 P 对应的比值 $\frac{AP}{AB}=\lambda$ 取遍从 0 到 1 的所有值，而所有这些比值在平行投影下不变，因此得到所有的点 P 的像 P' 所对应的比值 $\frac{A'P'}{A'B'}=\lambda$ 也取遍从 0 到 1 的所有值，因而，所有的点 P' 组成线段 $A'B'$。这样，我们得到平行投影把线段变成线段。

例 2 已知平面 π 上一点 A 在平行投影下在平面 π' 上的像为点 A'，求作平面 π 上的 $\triangle ABC$ 在平面 π' 上的像。

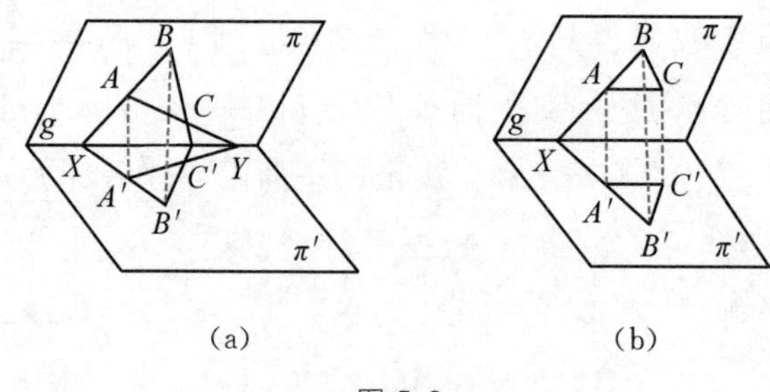

图 **5.9**

由于不共线三点的像仍不共线[①]，以及线段的像仍为线段。因此三角形的像仍为三角形。

依例 1 中的方法，在平面 π' 上分别作出点 B 和 C 的像点 B' 和 C'，则 $\triangle A'B'C'$ 即为 $\triangle ABC$ 的像。

当 $\triangle ABC$ 三边都不与对应轴 g 平行时，作图见图 5.9(a)。当

① 假设不共线三点 A，B，C 的像 A'，B'，C' 共线，即点 A 不在直线 BC 上，而点 A' 在直线 $B'C'$ 上，由后者我们得到点 A' 的原像 A 应在直线 BC 上，与已知 A 不在直线 BC 上矛盾，所以 A'，B'，C' 必不共线。

$\triangle ABC$有一边(例如 AC)平行于对应轴 g 时，作图见图 5.9(b)。

由于平行投影把三角形仍变成三角形，把线段的中点仍变成线段的中点，把线段仍变成线段，因此我们得到：平行投影把三角形的中线仍变成三角形的中线。又因为三角形的重心是分三角形的中线为 2 与 1 之比的分点(从顶点算起)，于是平行投影把三角形的重心仍变成三角形的重心。

例 3　我们在一片玻璃上任意画一个三角形，并涂成黑色，要使它在太阳光下投到一块纸板上的影子是一个正三角形，问玻璃和纸板的位置应如何放置?

我们先把它抽象成一个数学问题。

已知平面 π 上的一个任意三角形 ABC，设法找出一个平行投影，使这个三角形在另一个平面上的像是一个正三角形。

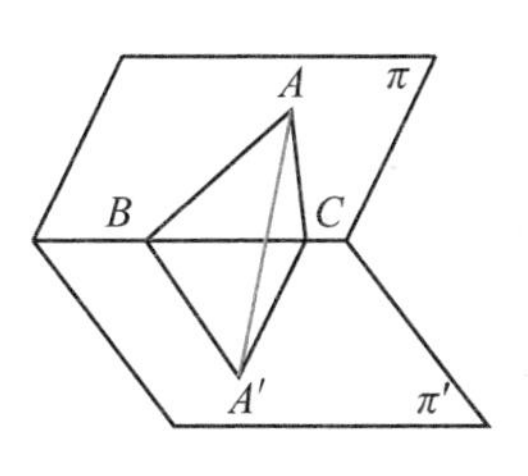

图 **5.10**

取平面 π'，使 π'与 π 沿直线 BC 相交(如图 5.10)，在 π'上作出点 A'，使 $A'B=A'C=BC$，则以 A 和 A'为一对对应点所决定的平行投影，就符合我们的要求，它把平面 π 上的任意$\triangle ABC$ 变成平面 π'上的正三角形 $A'BC$。(根据是什么?)

注　同一条直线上的两条线段 AC 与 BC 之比$\frac{AC}{BC}$，依下述规定认为它带有确定的符号(正或负)，常常是方便的。

规定　线段 AC 表示它的方向是从 A 到 C，线段 BC 表示它的方向是从 B 到 C，当 AC 和 BC 方向相同时，如图 5.11(a)，认为比值$\frac{AC}{BC}$为正，当 AC 和 BC 方向相反时，如图 5.11(b)，认为比值$\frac{AC}{BC}$为负。

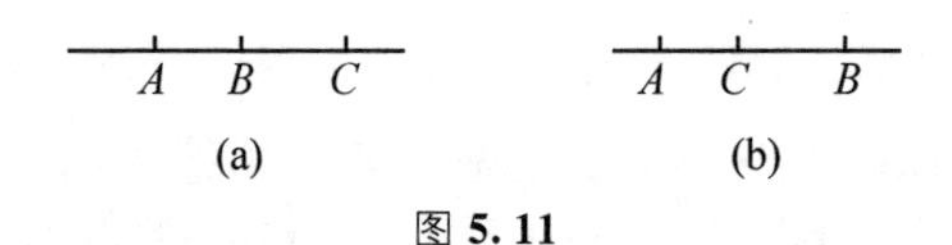

图 5.11

我们把一条直线上的两个线段 AC 与 BC 的比并依如上规定带有确定的符号，称为共线三点 A，B，C 的简比(或单比)，记为 (ABC)：

$$(ABC)=\frac{AC}{BC}。$$

根据上述规定，我们有

当 C 在线段 AB 外部时(如图 5.11(a))简比 $(ABC)>0$，当 C 在线段 AB 内部时(如图 5.11(b))简比 $(ABC)<0$。

例如，对于线段 AB 的中点 M，有 $(ABM)=\frac{AM}{BM}=-1$。

应用共线三点的简比的概念，上述性质 2 可以表述为：

性质 2′ 平行投影保持共线三点的简比不变，即

$$(ABC)=(A'B'C'),$$

如图 5.8。

性质 3 在平行投影下，平行直线还变成平行直线。

若直线 $a /\!/ b$，直线 a，b 在平行投影下的像分别是直线 a' 及 b'，要证 $a' /\!/ b'$，我们用反证法。假设 $a' \not\parallel b'$，设 a' 与 b' 的交点 P'，由 P' 在 a' 上，得到 P' 的原像(记为 P)在直线 a' 的原像(即直线 a)上，同理 P 也在直线 b 上，于是 P 为直线 a 与 b 的公共点，这与已知 $a /\!/ b$ 矛盾。故得 $a' /\!/ b'$。

由于平行四边形是两组对边分别互相平行的四边形，又平行投影保持“对边互相平行”这个关系不变，因此我们有：

平行投影把平行四边形仍然变成平行四边形。

同样，由于梯形是只有一组对边互相平行的四边形，因此我们得到：平行投影把梯形仍然变成梯形。特别地，我们可以把任意梯形变成等腰梯形。

例 4 设计一个平行投影，把一个任意梯形投影成等腰梯形。

已知 $ABCD$ 是平面 π 上的一个梯形，$AD // BC$，$AB \neq CD$。延长 BA 与 CD，它们相交于 E。取另一个平面 π'，使 π' 与 π 沿直线 BC 相交，如图 5.12。在 π' 上作出点 E'，使 $E'B = E'C$。我们断言，以 E 和 E' 作为一对对应点所决定的平行投影，就把平面 π 上的梯形 $ABCD$ 投影成平面 π' 上的一个等腰梯形。这是由于，若记点 A 和 D 的像分别为 A' 和 D'，则根据性质 1，就有 A' 在 BE' 上，D' 在 CE' 上，再根据性质 3，就有 $A'D' // BC$。于是又有 $\frac{BA'}{BE'} = \frac{CD'}{CE'}$，由作图 $BE' = CE'$，所以 $BA' = CD'$。这样就得到梯形 $ABCD$ 的像 $A'BCD'$ 是等腰梯形。

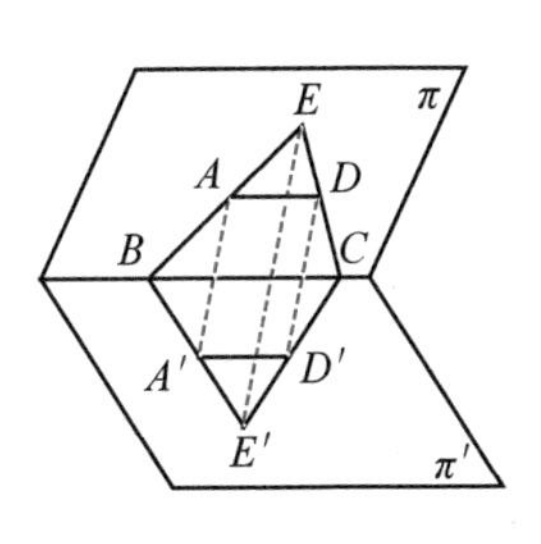

图 5.12

性质 4 在平行投影下，两条平行线段的长度之比不变。

若线段 $AB // CD$，线段 AB 和 CD 在平行投影下的像为线段 $A'B'$ 和 $C'D'$，则 $\frac{AB}{CD} = \frac{A'B'}{C'D'}$。

证 连接 AC(如图 5.13)，作 $BE // AC$ 交 CD 于 E，于是 $ACEB$ 为平行四边形，$\frac{AB}{CD} = \frac{CE}{CD}$(1)。记点 E 的像为 E'，由性质 1 得 E' 在 $C'D'$ 上，再由性质 2

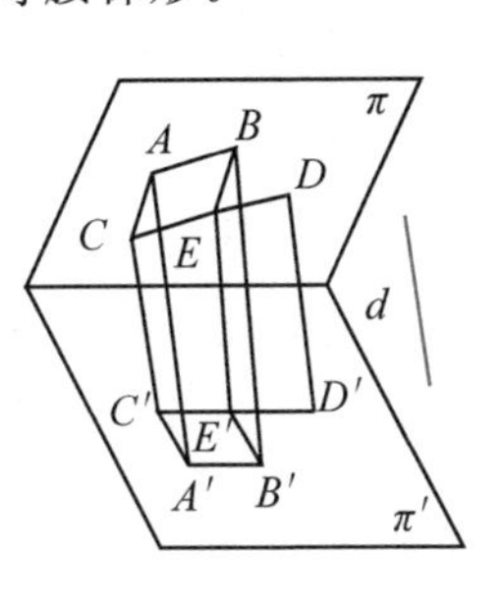

图 5.13

得$\dfrac{C'E'}{C'D'}=\dfrac{CE}{CD}$(2)。由性质 3 得 $A'C'E'B'$ 是平行四边形，于是有$\dfrac{A'B'}{C'D'}=\dfrac{C'E'}{C'D'}$(3)。结合(1)(2)(3)即得$\dfrac{AB}{CD}=\dfrac{A'B'}{C'D'}$。

例 5 对于平面 π 上的任意一个平行四边形 $ABCD$，试找出一个平行投影，使它在另一个平面上的像是一个正方形。

取另一个平面 π'，使 π' 与 π 沿直线 BC 相交，如图 5.14，在 π' 上作出点 A'，使 $BA'\perp CB$ 且 $BA'=BC$。我们断言，以 A 和 A' 为一对对应点所决定的平行投影就符合要求。证明如下：

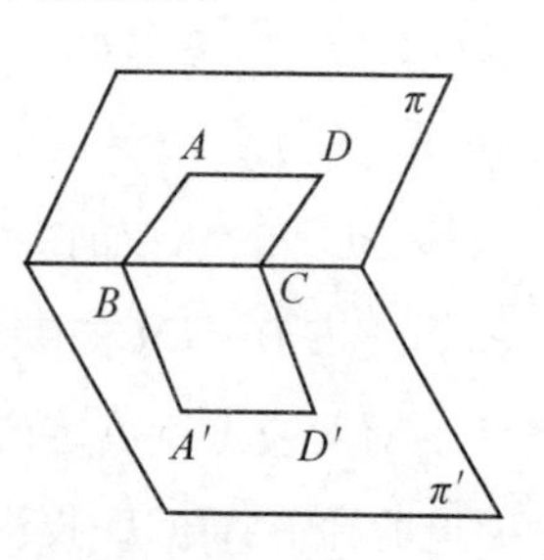

图 5.14

设点 D 的像为 D'，由四边形 $ABCD$ 是平行四边形，根据性质 3，▱$ABCD$ 的像 $A'BCD'$ 亦为平行四边形。由作图 $BA'\perp BC$ 及 $BA'=BC$ 得▱$A'BCD'$ 为正方形。

仿照例 5，我们可以把任意一个三角形，投影成直角三角形，把任意一个梯形投影成直角梯形。

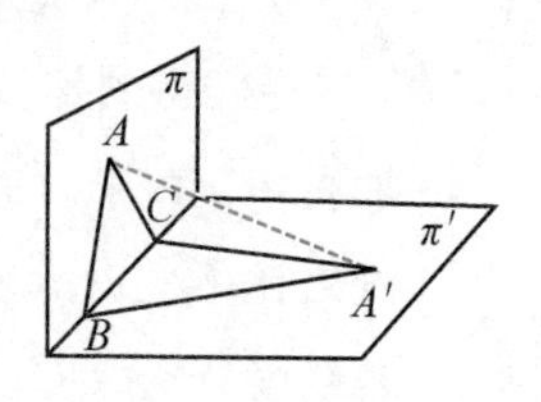

图 5.15

现在我们来看，图形的面积在平行投影下如何变化？我们可以分别通过适当的平行投影使得面积为 1 的三角形的像三角形的面积为 2，为 3，为 4……为事先指定的任何一个正数。如图 5.15，已知平面 π 上$\triangle ABC$ 的面积为 1，平面 π' 与平面 π 相交于 BC 所在直线。只要在平面 π' 上取点 A'，使 A' 到直线 BC 的距离是 π 上点 A 到直线 BC 的距离的相应倍数，则以 A 和 A' 为一对对应点所决定的平行投影，就能使$\triangle ABC$ 的像$\triangle A'BC$ 的面积是$\triangle ABC$ 面积的相应倍数。

上面的事实告诉我们，图形的面积在不同的平行投影下，一般会发生不同的变化。尽管如此，但有趣的是两个图形的面积之比，在所有的平行投影下都是不变的。

性质 5　两个图形的面积之比，在平行投影下保持不变。

设 F_1 和 F_2 是平面 π 上的两个图形，它们在任一平行投影下的像，分别是平面 π' 上的图形 F'_1 和 F'_2。现在来证明 $\frac{S_{F_1}}{S_{F_2}}=\frac{S_{F'_1}}{S_{F'_2}}$，此处 S_F 表示图形 F 的面积。

在平面 π 上作出全等的正方形网格，在上述平行投影下，该网格变成平面 π' 上的全等的平行四边形网格，如图 5.16。

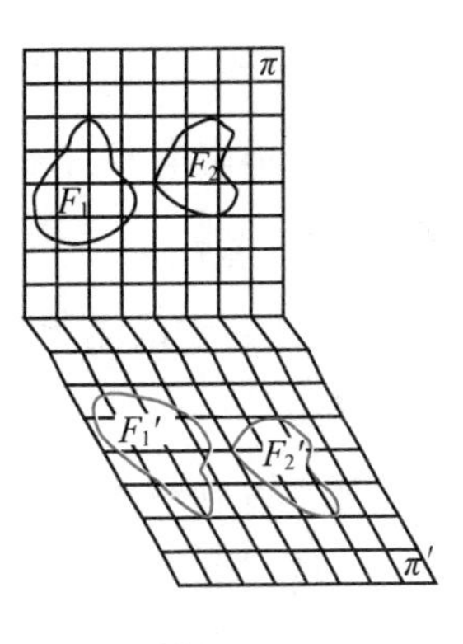

图 **5.16**

我们用包含在图形 F_1 中的完整的正方形的面积之和来近似图形 F_1 的面积。这样，当正方形网格充分细时，图形 F_1 的面积与它内容包含的完整的正方形的面积之和就充分接近，或者说相差可以任意小[①]。这样，图形 F_1 和 F_2 的面积之比，跟分别包含在它们内部的完整正方形的个数之比，相差可以任意小。同样，像图形 F'_1 和 F'_2 面积之比，跟分别包含在它们内部的完整平行四边形的个数之比，相差也可以

---

① 图形 F_1 的面积 S_{F_1} 是包含在 F_1 内部的完整的正方形面积之和在正方形边长无限减小时的极限。$\frac{S_{F_1}}{S_{F_2}}$ 是分别包含在 F_1 和 F_2 内部的完整正方形的个数之比在正方形边长无限减小时的极限。

任意小。

另一方面，根据性质2我们得到，平面π上图形F_1的边界曲线与正方形网格的交点在网格中的相对位置，与平面π'上的像图形F'_1的边界曲线与平行四边形网格的交点在网格中的相对位置相同。因此，图形F_1内部包含的完整正方形的个数，与像图F'_1内部包含的完整平行四边形的个数相等。

因此，我们得到$\dfrac{S_{F_1}}{S_{F_2}}=\dfrac{S_{F'_1}}{S_{F'_2}}$。

§5.3 平行投影在解题中的应用举例

我们把图形经过平行投影以后不改变的性质，称为图形的仿射性质①。根据上一节的讨论，我们知道，一点分线段所成两段的比(或共线三点的简比)是仿射性质，线段的中点是仿射性质，两直线平行是仿射性质，两直线相交是仿射性质，三线共点和三点共线都是仿射性质，两条平行线段的比及两个图形面积的比都是仿射性质。由于线段的长度，两直线交成的角度以及图形的面积，在平行投影下，一般都会发生变化，因此长度、角度和面积都不是仿射性质。

由于在平行投影下，三角形的中线还变成三角形的中线，所以三角形的中线是仿射性质。因而，三角形的重心(三条中线的交点)也是仿射性质。由于角度(因而“两直线互相垂直”)不是仿射性质，所以三角形的角平分线、高线及边的中垂线皆不是仿射性质。

---

① 严格地讲，图形的仿射性质，是经过仿射对应不改变的性质。仿射对应是连续施行有限次平行投影所得到的一种对应，详见§5.4。

因而三角形的内心、垂心和外心也都不是仿射性质。

知道了图形的哪些性质是仿射性质，对我们解题有些什么帮助呢？如果我们已知图形 F 具有的某个性质是仿射性质，也就是这个性质在平行投影下不会改变，那么我们通过平行投影，把图形 F 变成图形 F'后，可以断言图形 F'一定也具有这个性质。由于平行投影的逆映射仍是平行投影，于是我们得到，若有平行投影把图形 F 变成图形 F'，则亦必有平行投影(原来平行投影的逆映射)把图形 F'变成图形 F。因此，上述结论反过来也对：若图形 F 经过平行投影变成图形 F'，只要图形 F'具有的某个性质是仿射性质，则我们就可以断言图形 F 一定也具有该性质。如果图形 F'比图形 F 特殊，在 F'中证明问题比在 F 中证明来得简单，那么我们应用上述这个思路解题，就能化难为易了。

从上一节我们又知道，任一三角形可以通过平行投影，变成它的特殊情形正三角形；任一平行四边形，可以变成它的特殊情形正方形；任一梯形可以变成它的特殊情形等腰梯形。因此，若要证明某个一般图形(三角形、平行四边形或梯形)具有某个性质，只要这个性质是仿射性质，我们就可以通过平行投影，把该一般图形变成它的特殊情形(正三角形、正方形、等腰梯形)，然后只需对特殊图形证明其具有该性质，就可得到一般图形也具有该性质的结论。

我们来看一个例子。证明三角形的三条中线交于一点。由于“中线”和“三线共点”都是仿射性质，因此我们先通过平行投影，把一般三角形变成正三角形，然后对于正三角形证明三条中线交于一点。由于正三角形是轴对称图形，中线(同时是角平分线和边的中垂线)AD 是对称轴。中线 BE 与中线 CF 关于 AD 对称(如图

5.17)，所以 BE 和 CF 的交点必在对称轴 AD 上，即正三角形的三条中线 AD，BE 和 CF 交于一点。由于这个性质在平行投影下不改变，因而可得一般三角形亦有此性质，三条中线交于一点。

由于正三角形有许多特殊性为一般三角形所没有，所以在正三角形中证明问题要容易得多，因而应用上述方法可以使证明大大简化。但是是否所有关于一般三角形的问题都能用这种方法来解呢？例如，要证明三角形的三条角平分线交于一点。对于正三角形，上例中非常简单的证明，同样得到三条角平分线共点，我们能由此得到一般三角形的三条角平分线也共点吗？这就要看，通过平行投影把正三角形变成一般三角形时，角平分线是否仍变成角平分线？实际上，正三角形的角平分线，在平行投影下将变成一般三角形的中线(为什么?)而不是角平分线，即角平分线不是仿射性质，因此不能由此得出一般三角形三条角平分线也交于一点的结论。由此可见，应用上述方法必须具备一个前提条件，即问题中所论及的必须是图形的仿射性质，否则就不能使用这种方法。

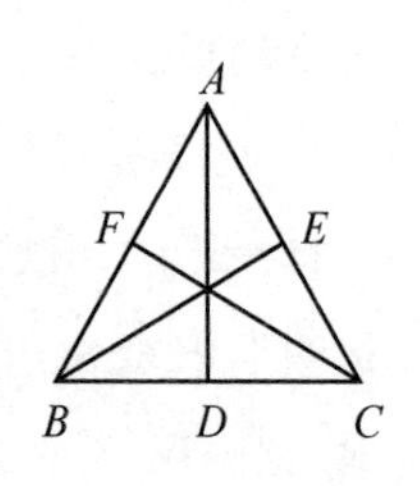

图 **5.17**

例 1 试证梯形两腰延长线的交点与两对角线的交点的连线，平分梯形的上下底。

分析与证 由于该命题的已知和求证中所涉及的“梯形的两腰”“两直线的交点”“两点的连线”“平分线段”等都是仿射性质，它们在平行投影下不会改变。因此，我们可以通过平行投影，把一般梯形变成等腰梯形，只要对等腰梯形证明了上述命题成立，则对原来的一般梯形该命题也一定成立。于是问题

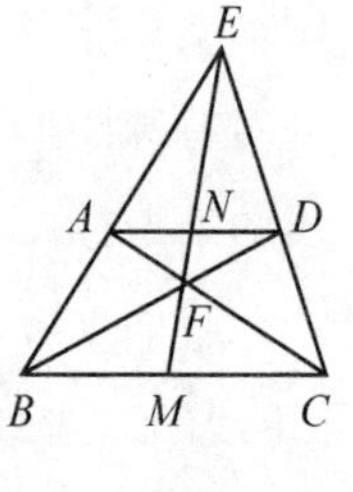

图 **5.18**(a)

变成：

已知等腰梯形 $A'B'C'D'$ 的两腰 $B'A'$ 与 $C'D'$ 的延长线交于 E'，对角线 $A'C'$ 与 $B'D'$ 交于 F'，求证直线 $E'F'$ 平分上底 $A'D'$ 及下底 $B'C'$。

设 $A'D'$ 的中点为 N'，$B'C'$ 的中点为 M'，要证直线 $E'F'$ 平分 $A'D'$ 与 $B'C'$，只需证明 E'，F'，N'，M' 四点共线。

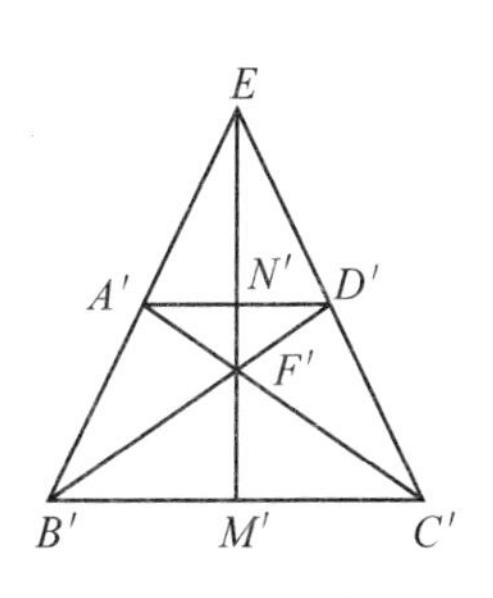

图 **5.18**(b)

由于等腰梯形两腰延长相交得一等腰三角形 $E'B'C'$（如图 5.18(b)），而等腰三角形 $E'B'C'$ 关于底边 $B'C'$ 上的中线 $E'M'$ 是轴对称图形，A' 与 D' 是一对对称点，因而 $A'D'$ 的中点 N' 在对称轴 $E'M'$ 上。又 B' 与 C' 也是一对对称点，所以 $A'C'$ 与 $D'B'$ 是一对对称直线，因而它们的交点 F' 也在对称轴 $E'M'$ 上。这就证明了 E'，F'，N'，M' 四点共线。于是在原来的一般梯形 $ABCD$ 中（如图 5.18(a)），E，F，N，M 四点共线，原题得证。

例 2　在 $\triangle ABC$ 三边 BC，CA，AB 上，顺次取三点 L，M，N，使 $\frac{BL}{LC}=\frac{CM}{MA}=\frac{AN}{NB}$，试证 $\triangle ABC$ 与 $\triangle LMN$ 有相同的重心。

分析与证　由于线段的分比和三角形的重心都是仿射性质，经过平行投影不会改变，因此，我们可以经过平行投影把一般三角形变成正三角形，只要能对正三角形证明上述例题成立，那么对于原来的一般三角形，这个命题也一定成立。于是问题变成：

已知正三角形 $A'B'C'$ 三边 $B'C'$，$C'A'$，$A'B'$ 上的三点 L'，M'，N' 适合 $\frac{B'L'}{L'C'}=\frac{C'M'}{M'A'}=\frac{A'N'}{N'B'}$，求证 $\triangle A'B'C'$ 与 $\triangle L'M'N'$ 重心相同。

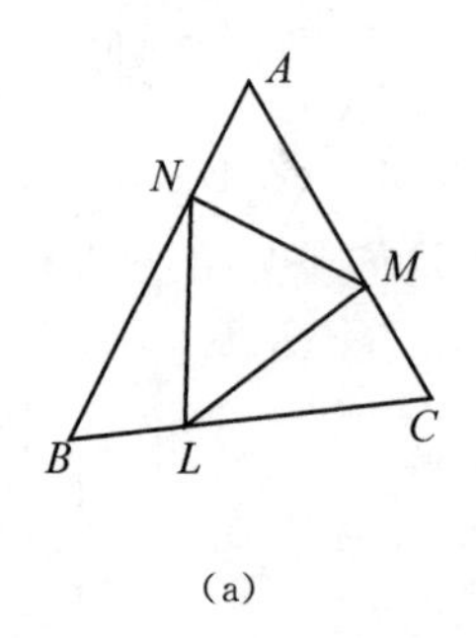

(a)

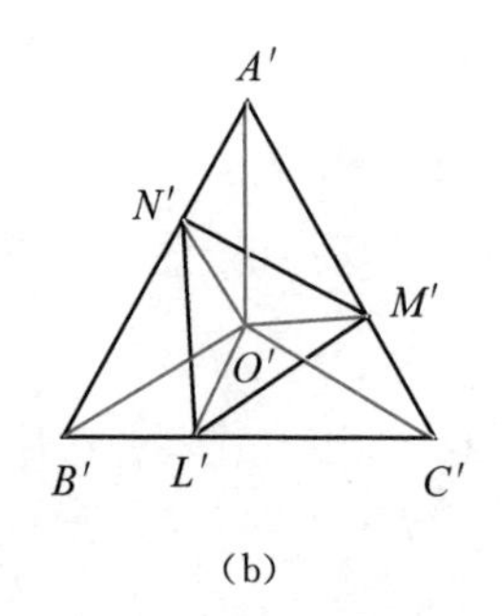

(b)

图 5.19

设正三角形 $A'B'C'$ 的重心为 O'（如图 5.19(b)）。由于正三角形的重心和外心重合，因此有 $O'A'=O'B'=O'C'$，以 O' 为旋转中心，将正三角形 $A'B'C'$ 绕 O' 逆时针方向旋转 120°，于是$\triangle A'B'C'$ 的三个顶点 A'，B'，C' 依次变为 B'，C'，A'，三边 $A'B'$，$B'C'$ 和 $C'A'$ 依次变为 $B'C'$，$C'A'$ 和 $A'B'$，三边上的三个分点 N'，L' 和 M' 依次变为 L'，M' 和 N'，即$\triangle L'M'N'$ 仍变成自己，因此$\triangle L'M'N'$ 也是正三角形。由 $O'L'=O'M'=O'N'$ 得 O' 是正三角形 $L'M'N'$ 的外心，也是重心，所$\triangle A'B'C'$ 与$\triangle L'M'N'$ 重心相同。

思考题　题设条件同例 2，问由直线 AL，BM 与 CN 相交所成的三角形与$\triangle ABC$ 仍有相同的重心吗？

例 3　将三角形每边三等分，然后将每一分点与其所对顶点相连，共得 6 条直线，它们相交得一个六角形。试证连接这个六角形的对顶点的三条对角线交于一点。

分析与证　题目中只涉及三角形三边的三等分点，两点连线，两线交点及三线共点，这些都是仿射性质，它们在平行投影下不会改变，因此可将一般三角形经过平行投影变成正三角形，只需对正三角形证明上述结论成立，则回到原来的一般三角形，上述结论也一定成立。于是问题变成：

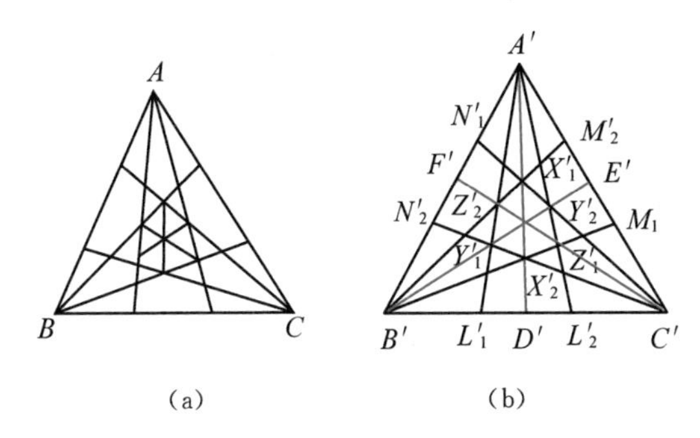

(a)　　　　(b)

图 5.20

已知正三角形 $A'B'C'$ 三边 $B'C'$，$C'A'$，$A'B'$ 的三等边点分别是 L'_1 和 L'_2，M'_1 和 M'_2，N'_1 和 N'_2，如图 5.20(b)，$A'L'_1$，$A'L'_2$，$B'M'_1$，$B'M'_2$，$C'N'_1$，$C'N'_2$ 相交得六角形 $X'_1Z'_2Y'_1X'_2Z'_1Y'_2$。求证 $X'_1X'_2$，$Y'_1Y'_2$，$Z'_1Z'_2$ 交于一点。

由于正三角形 $A'B'C'$ 关于中线 $A'D'$ 是轴对称图形。如图 5.20(b) B' 和 C'，N'_2 和 M'_1，N'_1 和 M'_2 是关于 $A'D'$ 的三对对称点，于是 $B'M'_2$ 与 $C'N'_1$，$B'M'_1$ 与 $C'N_2$ 是关于中线 $A'D'$ 的两对对称直线。因此 $B'M'_2$ 与 $C'N'_1$ 的交点 X'_1，$B'M'_1$ 与 $C'N'_2$ 的交点 X'_2，皆在对称轴即中线 $A'D'$ 上。即六角形的一条对角线 $X'_1X'_2$ 与 $\triangle A'B'C'$ 的一条中线 $A'D'$ 在同一条直线上。完全类似，得到六角形的另外两条对角线 $Y'_1Y'_2$ 和 $Z'_1Z'_2$，也分别与 $\triangle A'B'C'$ 的另外两条中线 $B'E'$ 和 $C'F'$ 在同一条直线上。而三角形的三条中线是交于一点的，所以上述六角形的三条对角线 $X'_1X'_2$，$Y'_1Y'_2$，$Z'_1Z'_2$ 也交于一点。

例 4　设 A_1，B_1，C_1，D_1 分别是 $\square ABCD$ 的边 CD，DA，AB，BC 上的点，使得

$$\frac{CA_1}{CD}=\frac{DB_1}{DA}=\frac{AC_1}{AB}=\frac{BD_1}{BC}=\frac{1}{3}。$$

试证明由直线 AA_1，BB_1，CC_1，DD_1 相交构成的四边形的面积是 $\square ABCD$ 面积的$\frac{1}{13}$。

分析与证　由于本题只涉及线段的分比和图形的面积比，它们都是仿射性质，在平行投影下不会改变。因此，我们可以经过平行投影，把平行四边形变成正方形，只要能对正方形证明求证的结论成立，则对原来的平行四边形求证的结论也一定成立。

在正方形 $ABCD$ 中（为了计算方便，我们设正方形 $ABCD$ 边长为 1），按题设要求画出图形，如图 5.21。由$\angle 1$与$\angle 2$互余，又$\angle 1=\angle 3$（这是因为 $\mathrm{Rt}\triangle DD_1C\cong \mathrm{Rt}\triangle AA_1D$），所以$\angle 2$与$\angle 3$互余，因而$\angle 4$为直角，$\triangle ADA_2$为直角三角形。同理$\triangle BAB_2$，$\triangle CBC_2$，$\triangle DCD_2$都是直角三角形。由$\angle 1=\angle 3$，$AD=DC$ 得 $\mathrm{Rt}\triangle ADA_2\cong \mathrm{Rt}\triangle DCD_2$。同理，$\mathrm{Rt}\triangle ADA_2\cong \mathrm{Rt}\triangle CBC_2\cong \mathrm{Rt}\triangle BAB_2$。

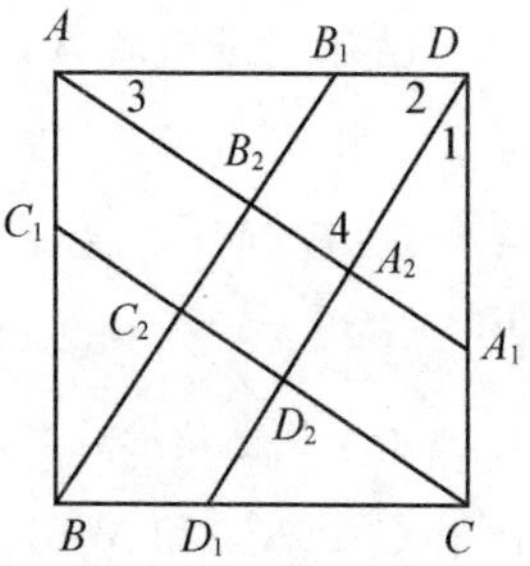

图 5.21

$$S_{\text{四边形}A_2B_2C_2D_2}=S_{\square ABCD}-S_{\triangle ADA_2}-S_{\triangle BAB_2}-S_{\triangle CBC_2}-S_{\triangle DCD_2}$$
$$=1-4S_{\triangle ADA_2}。$$

现在来计算 $\mathrm{Rt}\triangle ADA_2$ 的面积：

由 $\mathrm{Rt}\triangle AA_1D\backsim \mathrm{Rt}\triangle ADA_2$（这是由于$\angle 3=\angle 3$），得

$$\frac{S_{\triangle ADA_2}}{S_{\triangle AA_1D}}=\frac{\frac{1}{2}AD\sin\angle 3\cdot AD\cdot\cos\angle 3}{\frac{1}{2}AA_1\sin\angle 3\cdot AA_1\cos\angle 3}=\frac{AD^2}{AA_1^2}=\frac{1}{AD^2+DA_1^2}$$

$$=\frac{1}{1+\left(\frac{2}{3}\right)^2}=\frac{9}{13}。$$

于是 $S_{\triangle ADA_2}=\frac{9}{13}S_{\triangle AA_1D}$，

而 $S_{\triangle AA_1D}=\frac{1}{2}AD\cdot DA_1=\frac{1}{2}\times 1\times\frac{2}{3}=\frac{1}{3}$。

所以 $S_{\triangle ADA_2}=\frac{9}{13}\times\frac{1}{3}=\frac{3}{13}$，从而 $S_{四边形A_2B_2C_2D_2}=1-4\times\frac{3}{13}=\frac{1}{13}$，

由 $S_{四边形ABCD}=1$，即得 $S_{四边形A_2B_2C_2D_2}=\frac{1}{13}S_{四边形ABCD}$。

下面介绍本题的另一种证法——“割补法”，这是一个想法非常直观的巧妙解法。

同前，我们只需对正方形来证明。

在正方形 $ABCD$ 中，AA_1，BB_1，CC_1，DD_1 相交构成四边形 $A_2B_2C_2D_2$。如图 5.22，分别过 AB 及 CD 上的另一个三分点及顶点 B，D 作 AA_1 的平行线，分别过 BC 及 DA 上的另一个三分点及顶点 C，A 作 BB_1 的平行线，这两组平行线连同 AA_1，BB_1，CC_1，DD_1 共相交成 13 个与四边形 $A_2B_2C_2D_2$ 全等的四边形。

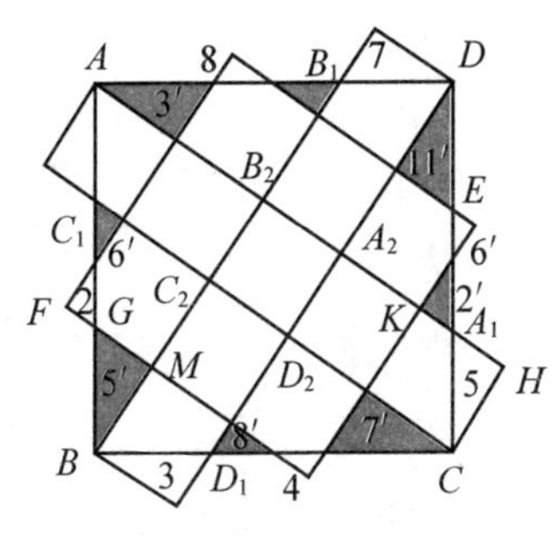

图 **5.22**

图 5.22 中位于正方形 $ABCD$ 外部的标有数字的每一个小三角形，分别全等于位于正方形内部的用相同数字带′标出的画有阴影的小三角形，这是因为

$\triangle 1$ 与 $\triangle 1'$ 三边对应平行，且有一对对应边 $AC_1=DE\left(=\frac{1}{3}AB\right)$，所以 $\triangle 1\cong\triangle 1'$。同理 $\triangle 3\cong\triangle 3'$，$\triangle 5\cong\triangle 5'$，$\triangle 7\cong\triangle 7'$。

$\triangle 2$ 与 $\triangle 2'$ 三边对应平行，且有一对对应边 $FG=KA_1$（因为 $FM=KH$，$GM=A_1H$），所以 $\triangle 2\cong\triangle 2'$。同理 $\triangle 4\cong\triangle 4'$，

$\triangle 6\cong\triangle 6'$，$\triangle 8\cong\triangle 8'$。

这样，图 5.22 中，由 13 个与四边形 $A_2B_2C_2D_2$ 全等的图形组成的图形的面积，恰等于正方形 $ABCD$ 的面积，故四边形 $A_2B_2C_2D_2$ 的面积是正方形 $ABCD$ 面积的$\frac{1}{13}$。

思考 本题若不先将▱$ABCD$ 平行投影成正方形，而是直接对▱$ABCD$ 用此“割补法”，那么上述各个步骤是否仍然适用？请读者自己画出图来看一看。

§5.4 平面仿射变换

平面到平面的平行投影，实际上是平面到平面的一种更广泛的对应——仿射对应中最简单的情形，平面到自身的仿射对应称为仿射变换。本节将介绍仿射对应和仿射变换，图形的仿射性质。我们将看到前几章介绍的平移、旋转和轴反射(统称等距变换)都是仿射变换的特殊情形，位似变换也是仿射变换的特殊情形。

1. 平行投影链

由连续施行有限次两平面间的平行投影所得到的、第一个平面 π 与最后一个平面 π' 的点之间的一一对应，称为平面 π 到平面 π' 的仿射对应(如图 5.23)。

例如，平面 π 到 π_1 的平行投影 T_1：$\pi\to\pi_1$，平面 π 上任一点 A，在平行投影 T_1 之下的像为平面 π_1 上的点 A_1，记为 $T_1(A)=A_1$。平面 π_1 到 π_2 的平行投影 T_2：$\pi_1\to\pi_2$，平面 π_1 上的点 A_1 在平行投影 T_2 之下的像为 π_2 上的点 A_2，记为 $T_2(A_1)=A_2$……如此继续下去，平面 π_{n-1} 到 $\pi_n=\pi'$ 的平行投影 T_n：$\pi_{n-1}\to\pi'$，平面 π_{n-1} 上的点 A_{n-1} 在 T_n 之下的像为 π' 上的点 A'，记为 $T_n(A_{n-1})=A'$。于

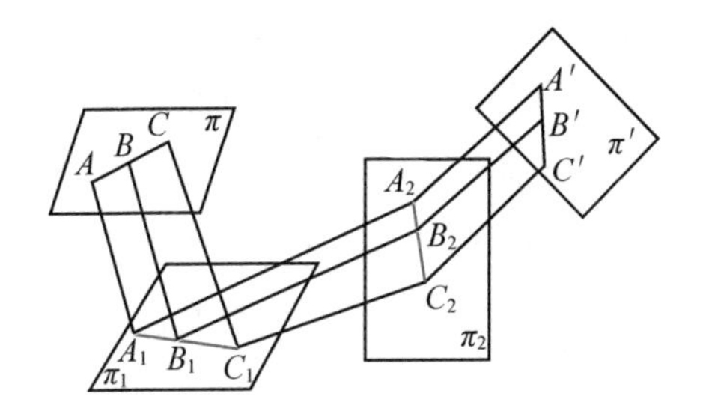

图 **5. 23**

是有

$$
\begin{aligned}
A' &= T_n(A_{n-1}) = T_n(T_{n-1}(A_{n-2})) \\
&= T_n(T_{n-1}(T_{n-2}(A_{n-3}))) \\
&= T_n(T_{n-1}(T_{n-2}(\cdots(T_3(A_2))\cdots))) \\
&= T_n(T_{n-1}(T_{n-2}(\cdots(T_3(T_2(A_1)))\cdots))) \\
&= T_n(T_{n-1}(T_{n-2}(\cdots(T_3(T_2(T_1(A))))\cdots))) \\
&= T_1 T_{n-1} T_{n-2} \cdots T_3 T_2 T_1(A)。
\end{aligned}
$$

这时记号 $T_n T_{n-1} T_{n-2} \cdots T_3 T_2 T_1$ 表示映射 T_1，T_2，T_3，…，T_{n-1}，T_n 的乘积(注意　这个记号中各映射的书写顺序正好与映射的进行顺序相反，最先进行的映射写在记号的最右边)。它是从第一个平面 π 到最后一个平面 π' 的映射 $T = T_n T_{n-1} \cdots T_2 T_1 : \pi \rightarrow \pi'$，平面 π 上任一点 A 在映射 T 之下的像为 A'，即 $T(A) = A'$。上述映射 T 就是平面 π 到 π' 的一个仿射对应。图 5.23 表示 $n=3$ 的情形，是由三个平行投影组成的一条平行投影链。

从上述关于仿射对应的定义，我们立即可得，平面 π 到 π' 的任一个平行投影都是一个仿射对应，这是因为任何一个平行投影都可以看成是仅由一个平行投影(即它自己)所组成的平行投影链。但是，另一方面，由于平行投影的复合，一般不再是平行投影(参看图 5.23，对应点之间的连线 AA'，BB'，CC'不互相平行）。这就是说，仿射对应不必是平行投影。因此，平面间的仿射对应是包括平行投影在内的更加广泛的一种平面间的映射。

特别地，如果在平面 π 到 π' 的仿射对应的定义中，平面 π' 与 π 重合，即从平面 π 开始的平行投影链最后又回到平面 π 上，得到 π 到 π 的仿射对应。我们称它为平面 π 到自身的仿射变换，或平面 π 上的仿射变换。图 5.24 中由三个平行投影 T_1，T_2，T_3 组成的平行投影链，就是一个 π 到自身的仿射变换 $T=T_3T_2T_1$，它把平面 π 上的任一点 A，变成同一平面 π 上的一点 A'。

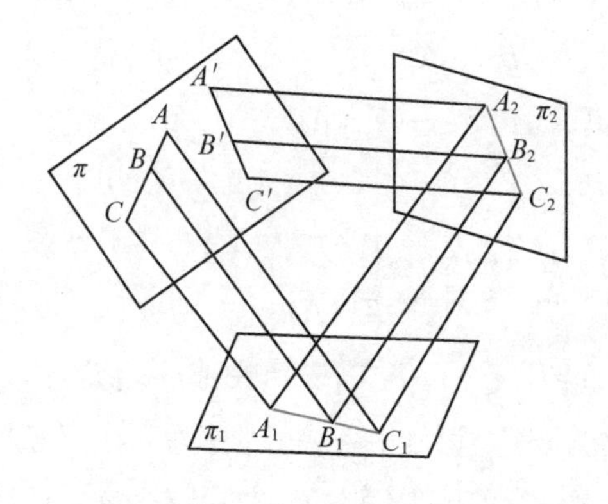

图 5.24

下面我们将着重讨论平面上的仿射变换。

(1)平面 π 上的恒同变换是仿射变换

这是因为任一个平行投影 T：$\pi\to\pi'$ 的逆 T^{-1}：$\pi'\to\pi$ 仍是平行投影，因此，π 上的恒同变换 I 可以看成是 π 到任一个平面 π' 的任一个平行投影 T 和它的逆 T^{-1} 组成的平行投影链，即 $I=T^{-1}T$。

(2)平面上每一个仿射变换的逆仍然是仿射变换

这是因为把一个平行投影链“倒过来”仍然是一个平行投影链。

由于 T 是仿射变换，所以 $T=T_nT_{n-1}\cdots T_2T_1$，因而

$$T^{-1}=T_1^{-1}T_2^{-1}\cdots T_{n-1}^{-1}T_n^{-1}①,$$

所以 T^{-1} 是仿射变换。

(3)π 上的任意两个仿射变换的乘积仍然是 π 上的仿射变换

这是因为把两个平行投影链“接起来”仍然是一个平行投影链。例如仿射变换 $F=F_3F_2F_1$，$G=G_4G_3G_2G_1$，则 F 和 G 的乘积 $T=CF=G_4G_3G_2G_1F_3F_2F_1$ 仍是一个仿射变换。

2. 图形的仿射性质

我们把图形在仿射变换下不改变的性质，称为图形的仿射性质。由于仿射变换是由连续施行有限次两平面间的平行投影得到的，因此图形在平行投影下不改变的性质，在仿射变换下也一定不改变。另一方面，由于平行投影本身就属于仿射对应，因此在仿射对应(变换)下不改变的性质，在平行投影下当然也不改变。这就是为什么在§5.3我们可以把图形在平行投影下不改变的性质称为图形的仿射性质的理由。

我们在§5.2中列举了图形在平行投影下不改变的基本性质，这些实际上就是图形在仿射变换下不改变的基本性质，都是仿射性质，这里不再重复一一列举了。

3. 仿射变换的决定

我们知道，在给出平面 π 到 π' 的一个平行投影时，不必给出平面 π 上每一点的像，只要给出平面 π 上一个点 A 的像是 A'，这

---

① 对于平面上任意两个一一变换 f 和 g，我们有 $(gf)^{-1}=f^{-1}g^{-1}$，这是因为对于平面任一点 P，设 $f(P)=P_1$，$g(P_1)=P'$，即 $(gf)(P)=P'$，于是 $(gf)^{-1}(P')=P$；另一方面，由 $g^{-1}(P')=P_1$，$f^{-1}(P_1)=P$ 又得 $f^{-1}g^{-1}(P')=P$，所以 $(gf)^{-1}=f^{-1}g^{-1}$。

个平行投影就完全决定了。同样，在给出平面 π 上的仿射变换时，也不必给出 π 上每一点的像，而只要给出平面 π 上不共线三点的像（也是不共线三点），则平面 π 上每一点在这个仿射变换下的像就都决定了。这就是下列

平面仿射变换的决定定理　平面上的仿射变换由三对对应点（均不共线）唯一决定。

已知平面 π 上的两组不共线三点 A，B，C 与 A'，B'，C'，则一定存在唯一一个仿射变换 T，把 A 变到 A'，B 变到 B'，C 变到 C'。

先证明存在性。只需具体找出一个平行投影链，把平面 π 上的 $\triangle ABC$ 变成平面 π_1 上的 $\triangle A'B'C'$。

第1步　任取一平面 $\pi_1 /\!/ \pi$，以任意一个与 π 不平行的方向为投射方向的平行投影 T_1：$\pi \to \pi_1$，将 $\triangle ABC$ 投射成 $\triangle A_1B_1C_1$（如图5.25），即有 $T_1(\triangle ABC)=\triangle A_1B_1C_1$。

第2步　取由 A_1C_1 与 B' 决定的平面为 π_2，以 B_1 与 B' 为一对对应点所决定的平行投影 T_2：$\pi_1 \to \pi_2$（A_1C_1 为对应轴）将 $\triangle A_1B_1C_1$ 投射成 $\triangle A_1B'C_1$，即有 $T_2(\triangle A_1B_1C_1)=\triangle A_1B'C_1$。

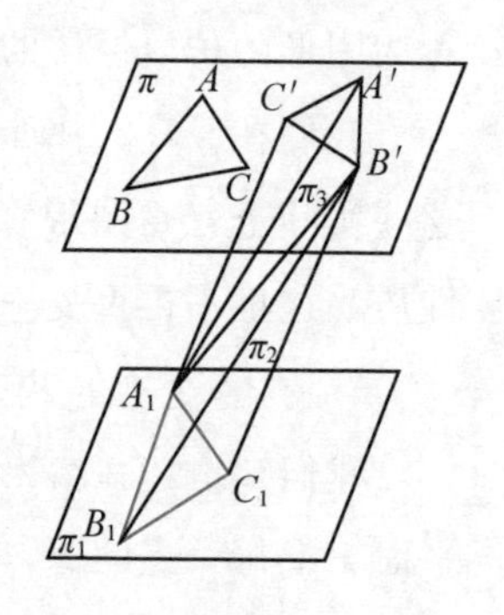

图 5.25

第3步　取由 A_1B' 与 C' 决定的平面为 π_3，以 C_1 与 C' 为一对对应点所决定的平行投影 T_3：$\pi_2 \to \pi_3$（A_1B' 为对应轴）将 $\triangle A_1B'C_1$ 投射成 $\triangle A_1B'C'$，即有

$$T_3(\triangle A_1B'C_1)=\triangle A_1B'C'.$$

第4步　以 A_1 与 A' 为一对对应点所决定的平行投影 T_4：

$\pi_3 \to \pi$($B'C'$为对应轴)将$\triangle A_1B'C'$投射成$\triangle A'B'C'$，即有

$$T_4(\triangle A_1B'C') = \triangle A'B'C'。$$

于是，由上述平行投影T_1，T_2，T_3，T_4组成的平行投影链，就把平面π上的$\triangle ABC$变成$\triangle A'B'C'$，即存在仿射变换$T = T_4T_3T_2T_1$：$\pi \to \pi$，使$T(\triangle ABC) = \triangle A'B'C'$。

现在证明唯一性　若平面π上的仿射变换T和T'都把不共线三点A，B，C，依次变成不共线三点A'，B'，C'，则T和T'是π上的同一个仿射变换，即若

$$T(A) = T'(A) = A'，T(B) = T'(B) = B'，T(C) = T'(C) = C'，$$

则$T = T'$，即对于平面π上每一点P，都有$T(P) = T'(P)$。

我们先来证明一个引理。

引理　若$(ABP) = (ABQ)$，则$P = Q$，此处(ABP)是共线三点A，B，P的简比$\dfrac{AP}{BP}$。

引理的证明　由题设得$\dfrac{AP}{BP} = \dfrac{AQ}{BQ}$，因而有$\dfrac{AP-BP}{BP} = \dfrac{AQ-BQ}{BQ}$，即$\dfrac{AB}{BP} = \dfrac{AB}{BQ}$，所以$BP = BQ$。表示起点相同的两条线段$BP$与$BQ$长度相等方向相同，因此它们的终点也必定相同，即$P = Q$。

唯一性的证明　我们将平面π上的点P分成三种情况来讨论。

1°当P为$\triangle ABC$的顶点时，由题设$T(P) = T'(P)$。

2°当P在$\triangle ABC$的边所在直线上且异于顶点时，例如P在直线AB上，如图5.26(a)，此时A，B，P三点共线，于是由仿射变换保持共线三点的简比不变，有

$$(ABP) = (T(A)T(B)T(P))及(ABP) = (T'(A)T'(B)T'(P))，$$

得$(T(A)T(B)T(P))=(T'(A)T'(B)T'(P))$，

由题设 $T(A)=T'(A)=A'$，$T(B)=T'(B)=B'$，

有$(A'B'T(P))=(A'B'T'(P))$，由引理得$T(P)=T'(P)$。

3°当 P 不在$\triangle ABC$ 三边所在直线上时，点 P 至少与一个顶点所连直线与该顶点的对边相交，例如 BP 与 AC 交于 D，如图 5.26(b)，于是有

$$(BDP)=(T(B)T(D)T(P))$$
$$=(T'(B)T'(D)T'(P))，$$

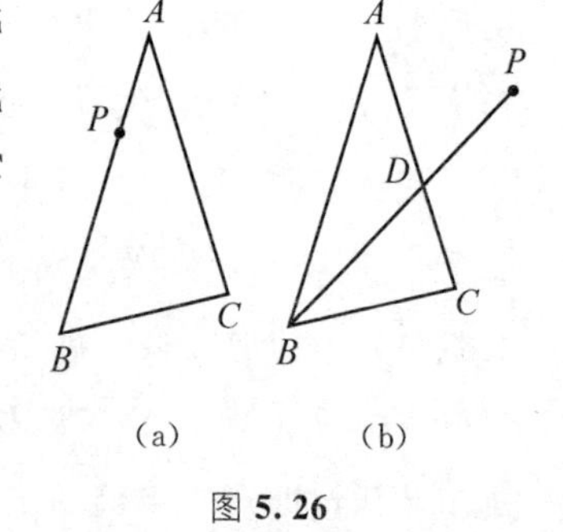

图 **5.26**

由题设 $T(B)=T'(B)$，

由 2°$T(D)=T'(D)$，于是有

$$(T(B)T(D)T(P))=(T(B)T(D)T'(P))，$$

由引理得 $T(P)=T'(P)$。

由上述 1°，2°，3°我们得到，对于平面上任一点 P，都有 $T(P)=T'(P)$，因此 T 和 T'是同一个仿射变换。

根据仿射变换的决定定理，在平面上的任何两个三角形之间存在仿射变换，也就是说可以通过仿射变换，把一个三角形变成任何一个事先给定的三角形。特别地，可以把任何三角形变成正三角形、等腰三角形、直角三角形、等腰直角三角形，而且大小可以事先任意指定。正是由于这后一点，仿射变换比平行投影更具优越性，解题时用它会更加方便。同样，通过仿射变换，可以把任何平行四边形变成事先任意指定的正方形或矩形。把任何梯形变成事先指定的任何等腰梯形或直角梯形。

4. 仿射变换的几个特例

(1)平移变换是仿射变换的一个特例

平面π上的任一平移变换，可以看成是由平面π到与它平行的平面π'的平行投影与π'到π的平行投影所组成的平行投影链。如图 5.27。

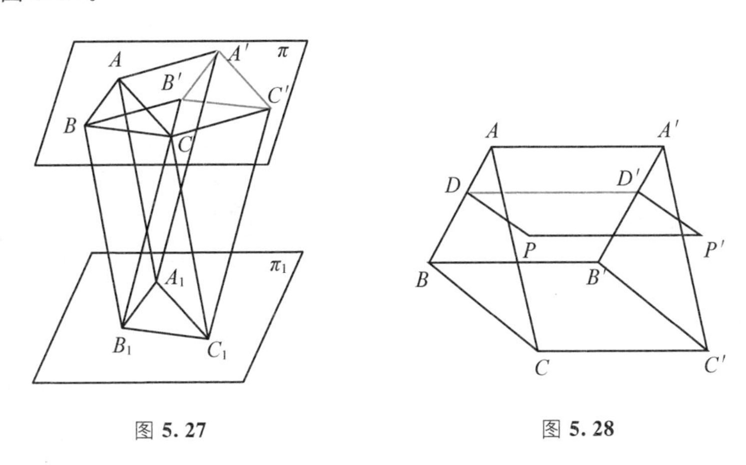

图 **5.27**　　图 **5.28**

或者证明以平面上不共线三点A，B，C和它们在一个平移下的像A'，B'，C'，作为三对对应点所决定的仿射变换，就是该平移。

已知$AA' \underline{\underline{\parallel}} BB' \underline{\underline{\parallel}} CC'$，设平面$\pi$上任一点$P$，在上述仿射变换下的像为$P'$，求证$PP' \underline{\underline{\parallel}} AA'$。

由已知可得$AB \underline{\underline{\parallel}} A'B'$，$BC \underline{\underline{\parallel}} B'C'$，$CA \underline{\underline{\parallel}} C'A'$。过$P$作$BC$的平行线交直线$AB$于$D$(如图 5.28)，设点$D$的像为$D'$。由仿射变换的性质得$D'$在直线$A'B'$上，且$AD \underline{\underline{\parallel}} A'D'$，所以$DD' \underline{\underline{\parallel}} AA'$。又由$BC \underline{\underline{\parallel}} B'C'$得$PD \underline{\underline{\parallel}} P'D'$，所以$PP' \underline{\underline{\parallel}} DD'$，因而$PP' \underline{\underline{\parallel}} AA'$。

(2)平面上绕一点O，旋转角为θ的旋转变换是仿射变换的一

个特例

我们来证明以平面上不共线三点 A，B，C 和它们在上述旋转下的像 A'，B'，C' 为三对对应点所决定的仿射变换，就是上述旋转变换。

已知 $OA=OA'$，$OB=OB'$，$OC=OC'$，$\angle AOA'=\angle BOB'=\angle COC'=\theta$。设平面上任一点 P 在该仿射变换下的像为 P'，求证 $OP=OP'$，$\angle POP'=\theta$。

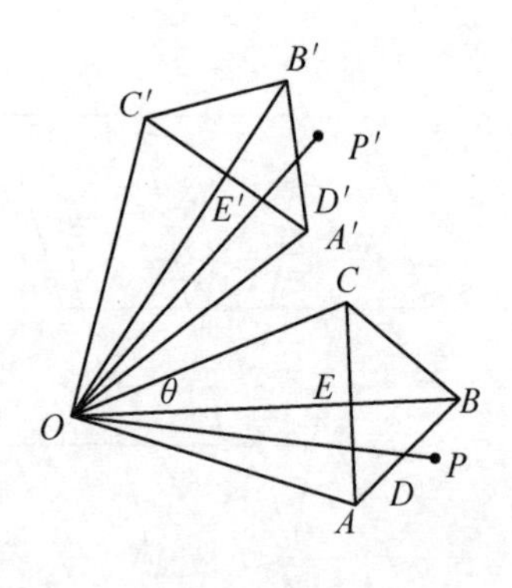

图 5.29

由已知易得 $\triangle ABC \cong \triangle A'B'C'$。首先证明 O 是仿射变换下的不动点：即 O 与它的像 O' 重合。设 OB 交 AC 于 E(如图 5.29)，OB' 交 $A'C'$ 于 E'，由 $\triangle OBC \cong \triangle OB'C'$ 得 $\angle OBC=\angle OB'C'$，因而 $\triangle EBC \cong \triangle E'B'C'$(ASA)，得 $EC=E'C'$。又 $AC=A'C'$，所以 E 的对应点为 E'。由 $EB=E'B'$ 得 $OE=OE'$，于是有 $(BEO)=(B'E'O')$，另一方面，由仿射变换的性质有 $(BEO)=(B'E'O')$。所以 $(B'E'O)=(B'E'O')$，由引理得 O' 与 O 重合，即 O 的像仍为 O。设 OP 与 AB 交于 D，OP' 与 $A'B'$ 交于 D'，于是 D' 是 D 的像，得 $BD=B'D'$，$\triangle OBD \cong \triangle OB'D'$(SAS)，所以 $OD=OD'$。再由简比 (ODP) 不变，得 $OP=OP'$。又由 $\angle DOB=\angle D'OB'$ 即 $\angle POB=\angle P'OB'$，于是

$$\angle POP'=\angle POB+\angle BOB'-\angle P'OB'=\angle BOB'=\theta。$$

(3)轴反射变换是仿射变换的一个特例

已知 $\triangle ABC$ 在以直线 l 为反射轴的轴反射变换下的像是 $\triangle A'B'C'$，即 A 和 A'，B 和 B'，C 和 C' 皆关于 l 为轴对称。求证

把△ABC变成△$A'B'C'$的仿射变换即为上述轴反射，为此只需证明在该仿射变换下的任一对对应点P和P'，也都关于直线l为轴对称。

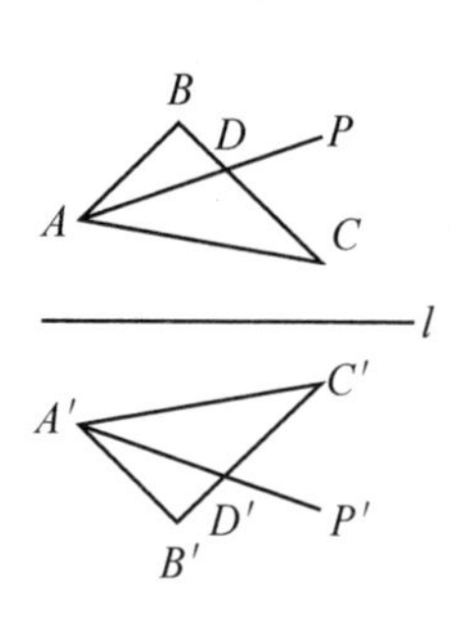

图 5.30

连接AP，与BC交于D(如图 5.30)。于是，AP在该仿射变换下的像为直线$A'P'$，$A'P'$与$B'C'$的交点D'即为D的像。于是有$\frac{BD}{DC}=\frac{B'D'}{D'C'}$，即$D$和$D'$是关于$l$为轴对称的两条对称线段$BC$和$B'C'$上有相同分比的对应分点，因此$D$和$D'$也关于$l$为轴对称。于是$AD$和$A'D'$是关于$l$为轴对称的一对对称线段，再由$\frac{AP}{PD}=\frac{A'P'}{P'D'}$得对应分点$P$和$P'$也关于$l$为轴对称。

(4)位似变换是仿射变换的一个特例

设△ABC在以O为位似中心，位似比为$\frac{OA'}{OA}$的位似变换下的像为△$A'B'C'$，则把△ABC变成△$A'B'C'$的仿射变换即为上述位似变换。为了证明这个结论，需证该仿射变换下的任一对对应点P和P'，满足连线PP'经过O，且$\frac{OP'}{OP}=\frac{OA'}{OA}$。

先证位似中心O是该仿射变换下的不动点：即O与它的像O'重合。已知O，C，C'共线，设OC交AB于E(如图 5.31)，OC'交$A'B'$于E'。由题设易知$AB /\!/ A'B'$，因此有$\frac{AE}{BE}=\frac{A'E'}{B'E'}$即$(ABE)=(A'B'E')$，所以$E$的像为$E'$。又$\frac{OE'}{OE}=\frac{OA'}{OA}=\frac{OC'}{OC}$，因

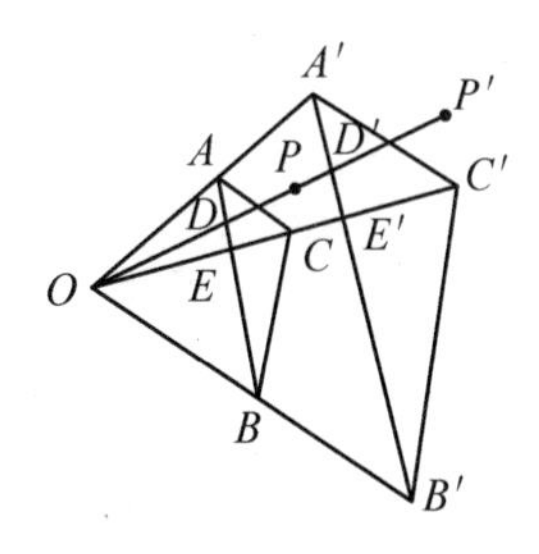

图 5.31

而$\dfrac{OE'}{OC'}=\dfrac{OE}{OC}$，即$(C'E'O)=(CEO)$。另一方面由简比不变，有$(CEO)=(C'E'O')$，因此$(C'E'O')=(C'E'O)$，所以$O'$与$O$重合。连接$OP$交$AB$于$D$，则$D$的像为$OP'$与$A'B'$的交点$D'$，并有$\dfrac{A'D'}{A'B'}=\dfrac{AD}{AB}$，于是$\dfrac{A'D'}{AD}=\dfrac{A'B'}{AB}=\dfrac{OA'}{OA}$，由$O$，$A$，$A'$共线及$O$，$B$，$B'$共线及$A'B'/\!/AB$，可得$O$，$D$，$D'$共线。又因$O$，$D$，$P$共线及$O$，$D'$，$P'$共线，所以$O$，$P$，$P'$共线，由$\dfrac{OD'}{OD}=\dfrac{OA'}{OA}$及$\dfrac{OP'}{OD'}=\dfrac{OP}{OD}$即得$\dfrac{OP'}{OP}=\dfrac{OA'}{OA}$。

(5)仿射变换的一个特例——向着一条直线的压缩变换(简称压缩)。

现在我们来介绍一种在前几章中没有研究过的，但也是常见的变换。

平面上向着直线l且压缩比为k的压缩变换，是指平面上的如下变换：把平面上的任一点A变成A'，使A'与A在直线l同侧，直线$AA'\perp l$，且A'到l的距离与A到l的距离之比为定值k，$k>0$(k称为压缩比)；若A在l上，则A'与A重合。

我们先来看两个对图形进行压缩的例子。

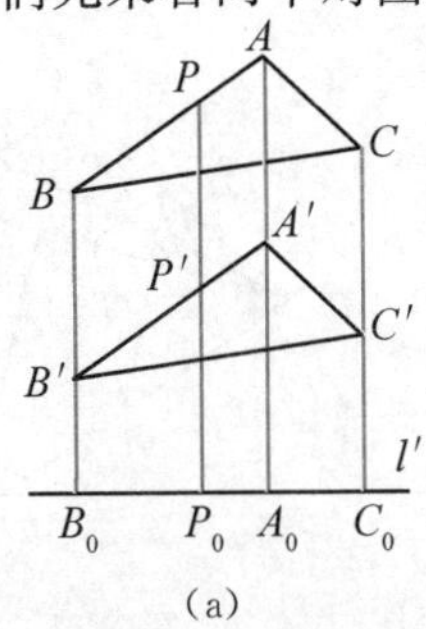

(a)

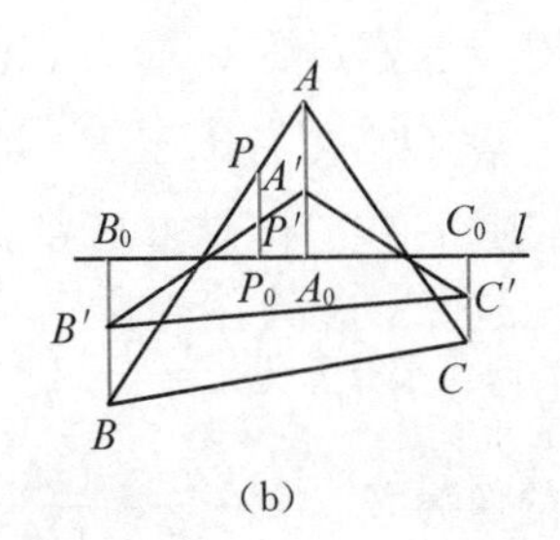

(b)

图 5.32

例 1　已知$\triangle ABC$及直线l，如图 5.32(a)(顶点A，B，C在直线l同侧)和图 5.32(b)(顶点A，B，C在直线l两侧)。求$\triangle ABC$在向着l且压缩比为$\frac{1}{3}$的压缩变换下变成的图形。

过A，B，C向l作垂线，垂足分别为A_0，B_0，C_0，分别在射线A_0A，B_0B及C_0C上，取点A'，B'及C'，使

$$\frac{A'A_0}{AA_0}=\frac{1}{3},\ \frac{B'B_0}{BB_0}=\frac{1}{3},\ \frac{C'C_0}{CC_0}=\frac{1}{3}。$$

A'，B'，C'即为A，B，C的像。容易得到线段AB上任一点P的像P'必在线段AB'上，且线段$A'B'$上任一点P'必是线段AB上一点P的像，因此线段AB的像是线段$A'B'$。于是我们得到$\triangle A'B'C'$即为$\triangle ABC$在上述压缩之下的像，或者说上述压缩变换把$\triangle ABC$压缩成$\triangle A'B'C'$(如图 5.32(a)和(b))。

例 2　将半径为a的圆，向着一条直径作均匀压缩，使圆上每一点到该直径的距离都缩至一半，求该圆该压缩成的图形。

设圆的圆心为O(如图 5.33)，半径为a，A_1A_2和B_1B_2是两条互相垂直的直径。将圆向直径B_1B_2作压缩比为$\frac{1}{2}$的压缩。从上半圆$B_1A_1B_2$上每一点P向B_1B_2作垂线，垂足为P_0，取线段PP_0的中点P'即为P在上述压缩下的像。B_1，B_2在直线B_1B_2上，所以它们是上述压缩下的不动点，即它们的像仍是B_1，B_2。A_1的像为线段A_1O的中点A'_1。把上半圆上每一点的像，顺次光滑连接得一弧段$B_1A'_1B_2$。同样，下半圆$B_1A_2B_2$的像是弧段$B_1A'_2B_2$，此处A'_2是A_2的像，即线段A_2O

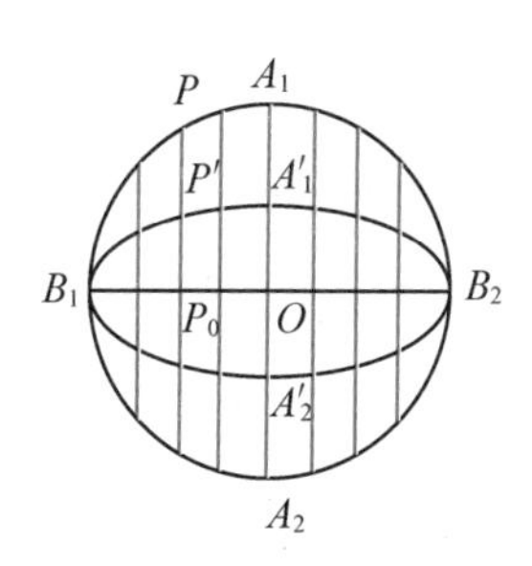

图 5.33

的中点。由于上半圆 $B_1A_1B_2$ 与下半圆 $B_1A_2B_2$ 关于直径 B_1B_2 为轴对称，所以弧段 $B_1A'_2B_2$ 是弧段 $B_1A'_1B_2$ 的(关于直径 B_1B_2 的)轴对称图形。由弧段 $B_1A'_1B_2$ 与 $B_1A'_2B_2$ 组成的封闭曲线是一个椭圆(如图 5.33)。线段 B_1B_2 是椭圆的长轴，这个椭圆的长轴长为 $2a$。线段 $A'_1A'_2$ 是椭圆的短轴，这个椭圆的短轴长为 a。

因此我们可以说，把一个圆向着它的一条直径作均匀压缩，即得一椭圆。或者通俗地说，椭圆是一个压扁了的圆(关于椭圆的定义和性质，参见高中解析几何)。

现在我们来证明压缩变换也是仿射变换的一个例子。

设$\triangle ABC$在向着直线 l 且压缩比为 k 的压缩下的像为$\triangle A'B'C'$，则把$\triangle ABC$变为$\triangle A'B'C'$的仿射变换即为上述压缩变换。

要证明上述结论，需证平面上任一点 P 在该仿射变换下的像 P'，满足 P，P'在 l 同侧，$PP'\perp l$，且 P'到 l 的距离与 P 到 l 的距离之比等于 k。设过 P 作 l 的垂线，垂足为 P_0，则需证 P'在射线 P_0P 上，且$\dfrac{P'P_0}{PP_0}=k$。

已知从 A，B，C 向 l 作垂线，垂足分别为 A_0，B_0，C_0(如图 5.34)，A'，B'，C'分别在射线 A_0A，B_0B，C_0C 上，且

$$\frac{A'A_0}{AA_0}=\frac{B'B_0}{BB_0}=\frac{C'C_0}{CC_0}=k。$$

先证直线 l 上每一点为该仿射变换下的不动点。以 A_0 为例，记 A_0 的像为 A'_0。设 AA_0 交 BC 于 E，设 E 的像为 E'，则 E'在 $B'C'$上，且有$(BCE)=(B'C'E')$。又因 $BB'\parallel CC'$，得 $EE'\parallel BB'$，所以 E'在 AA_0 上，即 E'为 AA_0 与 $B'C'$的交点。于是有

$$\frac{E'A_0}{EA_0}=\frac{B'B_0}{BB_0}=\frac{A'A_0}{AA_0}，得\frac{AA_0}{EA_0}=\frac{A'A_0}{E'A_0}$$

即$(AEA_0)=(A'E'A_0)$。

另一方面，由简比不变有

$$(AEA_0)=(A'E'A'_0),$$

所以$(A'E'A'_0)=(A'E'A_0)$，

由引理$A'_0=A_0$。

设P_0P交BC于D(如图5.34)，于是D的像D'在$B'C'$上，且$(BCD)=(B'C'D')$，又由$BB'/\!/CC'$得$DD'/\!/BB'$，于是有$\frac{D'P_0}{DP_0}=\frac{B'B_0}{BB_0}$，并有$D$，$D'$，$P$，$P_0$四点在一直线上，于是$P'$也在直线$PP_0$上。由$(PDP_0)=(P'D'P_0)$得$\frac{P'P_0}{D'P_0}=\frac{PP_0}{DP_0}$，于是有

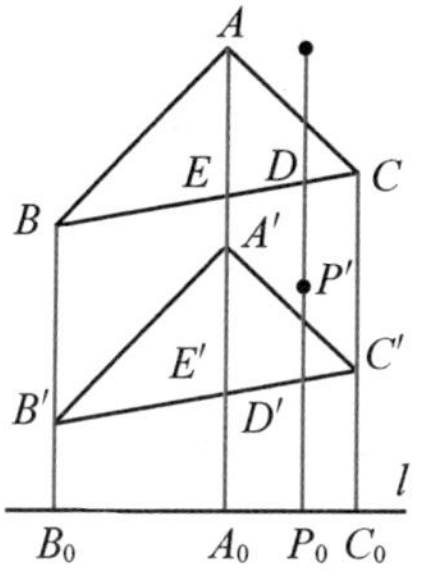

$$\frac{P'P_0}{PP_0}=\frac{D'P_0}{DP_0}=\frac{B'B_0}{BB_0}=k,$$

并且由D'在射线P_0D上得P'在射线P_0P上。

图 5.34

习题 5

1. 如图5.35，平行于▱$ABCD$对角线AC作一直线与AB，BC交于E，F，试证$S_{\triangle AED}=S_{\triangle CDF}$。

2. 如图5.36，在$\triangle ABC$的边BC的中线上任取一点P，连接BP，CP分别与AC，AB交于N，M，求证$MN/\!/BC$。

3. 如图5.37，在$\triangle ABC$三边BC，CA，AB上顺次各取一点L，M，N，使$\frac{BL}{LC}=\frac{CM}{MA}=\frac{AN}{NB}$，问由直线$AL$，$BM$与$CN$相交所成的$\triangle PQR$与$\triangle ABC$有相同的重心吗？并请说明理由。

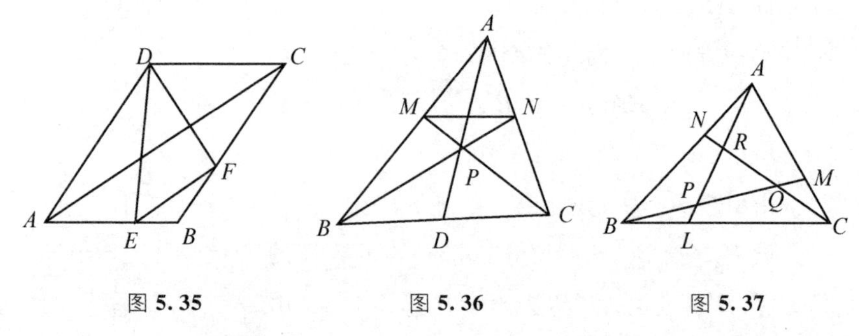

图 5.35　　图 5.36　　图 5.37

4. 过三角形内任一点，分别作三边的平行线在三角形内得到三条线段，则每条线段与其平行边之比的和是一常数，试证之。

5. 在三角形的每边上，就各边中点分别取一对对称点 P_1，P_2；Q_1，Q_2；R_1，R_2，试证 $S_{\triangle P_1Q_1R_1}=S_{\triangle P_2Q_2R_2}$。

6. 证明：点 O 是$\triangle ABC$ 的重心的充分必要条件是

$$S_{\triangle AOB}=S_{\triangle BOC}=S_{\triangle COA}。$$

7. 试证对于任意一个三角形，都存在一个与三角形三边都在其中点相切的内切椭圆。

§ 6. 中心投影

还记得小时候，爸爸、妈妈在灯光下为我们摆各种手势，在墙壁上一会儿出现竖着一对大耳朵的小兔子，一会儿又变成一只张着大口的狼……灯光照射到手上，在墙壁上投下影子，这就是中心投影的一个例子。这一章介绍什么是中心投影，它有哪些性质以及中心投影的某些应用。

§ 6.1　中心投影及无穷远点与拓广平面

1. 中心投影

如图 6.1，设 l 和 l' 是平面上的两条相交直线，O 为不在 l 和 l' 上的一点。对于 l 上的任一点 P，规定直线 OP 与 l' 的交点 P' 为 P 的对应点，这个映射称为从直线 $\boldsymbol{l}$ 到 $\boldsymbol{l'}$ 的中心投影，点 O 称为投影中心，点 P' 称为点 P 在中心投影下的像，点 P 称为点 P' 的原像，P 和 P' 是中心投影下的一对对应点。由于 l 和 l' 的交点 Q 的像是 Q 自身，因此称 Q 为自对应点。直线到直线的中心投影由投影中心完全决定。

上述映射有一个缺陷：直线 l 上有一个特别的点，它在 l' 上没有像。这个点就是经过点 O 平行于 l' 的直线 l 的交点 V(如图 6.1)，我们称它为 l 上的没影点。同样，直线 l' 上有一点，即经过 O 平行于 l 的直线与 l' 的交点 W'(如图 6.1)，它在直线 l 上没有原像，我们称它为 l' 上的没影点。

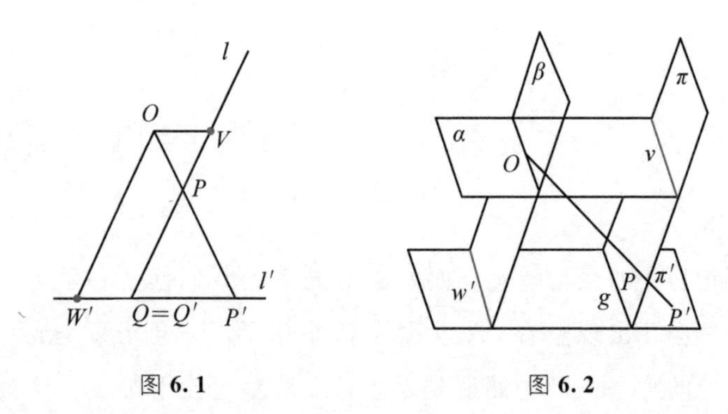

图 6.1　　　　图 6.2

设平面 π 和 π' 是空间中的两个平面，O 为不在 π 和 π' 上的一点。对于平面 π 上的任一点 P，规定直线 OP 与平面 π' 的交点 P' 为点 P 的对应点(如图 6.2)，这个映射称为平面 π 到 π' 的中心投影，点 O 称为投影中心，点 P' 称为点 P 在中心投影下的像，点 P 称为 P' 的原像，P 和 P' 是中心投影下的一对对应点。π 和 π' 的交线 g 上的每一点都是自对应点。平面到平面的中心投影由投影中心完全决定。

同样，这个映射也有缺陷：平面 π 上有一条特别的直线，它上面的每一点在 π' 上都没有像。这条直线就是经过点 O 平行于 π' 的平面 α 与平面 π 的交线 v(如图 6.2)，我们称它为平面 π 上的没影线。没影线上的每一点都是没影点。同样，平面 π' 上也有一条直线，即经过点 O 平行于平面 π 的平面 β 与平面 π' 的交线 w'(如图 6.2)，它上面的每一点在平面 π 上都没有原像，称为 π' 上的没影线。

2. 无穷远点，无穷远直线和拓广平面

为了使得 l 到 l' 的中心投影成为 l 到 l' 的一一对应，必须对 l 上的没影点 V，指定它在 l' 上的像；同时对 l' 上的没影点 W'，指定它在 l 上的原像。V 在 l' 上没有像，是因为直线 OV 与直线 l' 平行，没有交点(如图 6.1)，而中心投影规定 V 在 l'上的像是 OV 与 l'的交点。因此，我们设想，对直线 l'添加一个新点，而且同时也把这个新点添加给与 l'平行的直线。称这个新点为直线 l'上的“无穷远点”，即规定两条平行直线相交于无穷远点。也有的书上，把上述新点称为“理想点”，不过这里叫无穷远点更直观更形象一些。

我们约定：一族平行直线共有一个无穷远点。这个无穷远点只在这一族中的每一条平行直线上，不在与这族平行直线不平行的其他任何直线上。于是，不平行的直线上的无穷远点必不相同。我们把添加了无穷远点的直线，称为拓广直线。拓广直线上的非无穷远点称为普通点。

如果 l 和 l'都是添加了无穷远点的拓广直线，那么，在 l 到 l'的中心投影下，l 上的每一点在 l'上都有像，原来 l 上的没影点 V(如图 6.1)，对应于 l'上的无穷远点。同样，l'上的每一点都有原像，原来 l'上的没影点 W'(如图 6.1)的原像是 l 上的无穷远点。这样，l 到 l'的中心投影就是一一对应了。

由于对一族平行直线添加了一个无穷远点，也就是同一个方向的直线有同一个无穷远点，因此平面上有多少个不同方向的直线，就有多少个不同的无穷远点。平面上有无穷多个不同的直线方向，因此我们对平面共添加了无穷多个无穷远点。我们把由平面上所有的无穷多个无穷远点所组成的图形，叫作一条“无穷远直线”。称它为直线是由于它与平面上的每一条直线(拓广直线)只有一个交点(即该拓广直线上的无穷远点)，这个情形与“平面上的两条直线相交时只有一个交点”的情形一样，因此很自然地把它也称作“直线”。又由于它是由平面上的所有无穷远点组成的，故称为“无穷远直线”。非无穷远直线称为普通直线。无穷远直线上的每一点皆为无穷远点，每一条普通直线上有且只有一个无穷远点。

通常的(欧氏)平面添加了无穷远点和无穷远直线以后，称为拓广平面。于是在拓广平面上，任何两条直线都相交。如果两条直线不平行，则它们相交于一个普通点；如果两条直线平行，则它们相交于一个无穷远点。这样，在拓广平面上，相交和平行就统一起来了，都是相交。不同的只是平行时交点为无穷远点罢了。以后，我们就把“相交于无穷远点的直线”等同于“平行直线”，并且把直线平行看成是相交的一个特殊情形。

当平面 π 和 π' 都是拓广平面时，在 π 到 π' 的中心投影下，π 上的每一点在 π' 上都有像，π 上的没影线 v(如图 6.2)上的每一点的像是平面 π' 上的一个无穷远点，没影线 v 的像是 π' 上的无穷远直线。平面 π' 上的每一点在 π 上都有原像，π' 上的没影线 w'(如图 6.2)上的每一点的原像是 π 上的一个无穷远点，没影线 w' 的原像是 π 上的无穷远直线。这样，π 到 π' 的中心投影是一一对应。

以 O 为投影中心，平面 π 到 π' 的中心投影的逆映射，是仍以 O 为投影中心，平面 π' 到 π 的中心投影。

§6.2 图形在中心投影下不变的性质

平面 π 上的图形 F 在 π 到 π' 的中心投影下的像，是指由组成图形 F 的每一点在上述中心投影下在平面 π' 上的像所组成的图形 F'。

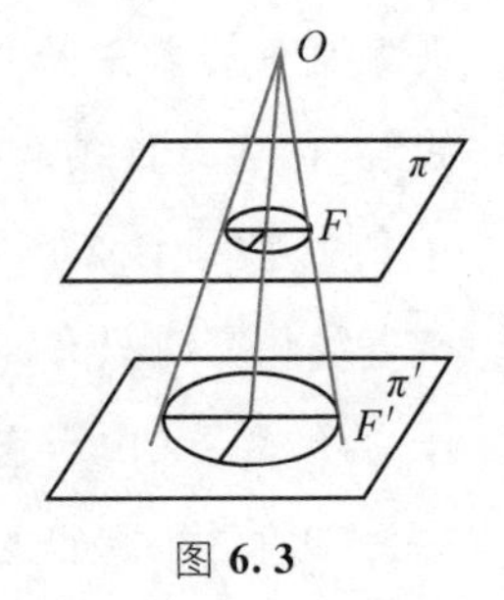

图 6.3

当平面 π 和 π' 平行时，从 π 到 π' 的中心投影，把平面 π 上的图形 F，变成平面 π' 上的图形 F'。这时图形 F' 和图形 F 形状相同，是相似图形(如图 6.3)。当平面 π 和 π' 不平行时，平面π上的图形F变成π'上的图形F'。一般情况下，F'与F形状不再相同，有时甚至会发生很大的变化(如图6.8)。

本节介绍图形在中心投影下不变的性质及圆在中心投影下的像。

1. 点与直线的结合关系在中心投影下保持不变

首先，中心投影把平面π上的直线变成π'上的直线。

连接投影中心O和平面π上直线l的每一点所得直线的全体，构成一个平面α，平面α和平面π'的交线l'，即为直线l在以O为投影中心的中心投影下的像(如图6.4)。特别地，当l为平面π上的没影线(图6.2中的直线v)时，平面α与平面π'平行，此时直线l的像为平面π'上的无穷远直线。反之，平面π'上的每一条直线l'都是平面π上某一条直线l的像。特别地，当l'是平面π'上的没影线(图6.2中的直线w')时，l'的原像为平面π上的无穷远直线。

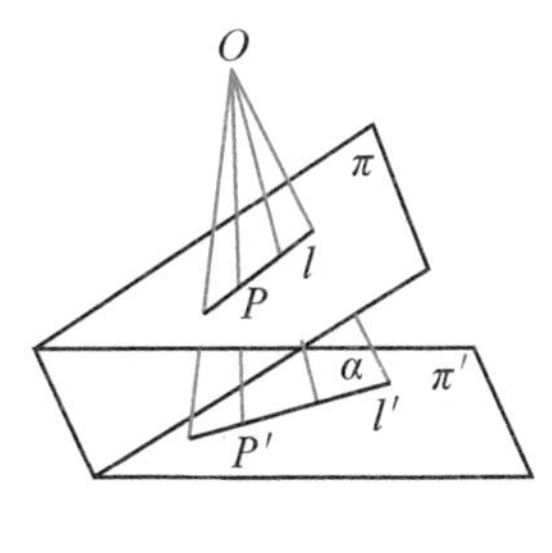

图 **6.4**

由上述性质我们得到，若点P在直线l上，则在中心投影下，点P的像(点P')必在直线l的像(直线l')上(如图6.4)。

我们把点在直线上称为点结合于直线，这种关系称为点线结合关系。于是上述结论可叙述为：中心投影保持点线结合关系不变。这是图形在中心投影下保持不变的一条基本性质。

由这个基本性质我们可得：

(1)中心投影把共线三点仍变成共线三点。

(2)中心投影把相交直线仍变成相交直线。特别地，若π上两直线l_1与l_2相交于π的没影线v上，则l_1和l_2在中心投影下的像

直线 l'_1 和 l'_2 互相平行(即相交于无穷远点)(如图 6.5(a)。设 π 上的两直线 l_1 与 l_2 相交于 π 上的没影线 v 上的点 M，投影中心为 O，则有 $OM/\!/\pi'$。由 OM 与 l_1 决定的平面 α_1 与平面 π' 的交线即为直线 l'_1，由 OM 与 l_2 决定的平面 α_2 与平面 π' 的交线即为直线 l'_2，则有 $l'_1/\!/l'_2$)；若 $l_1/\!/l_2$(即相交于无穷远点)，则 l_1 和 l_2 在中心投影下的像直线 l'_1 和 l'_2 相交于 π' 的没影线 w' 上(如图 6.5(b)，在 π' 的没影线 w' 上取定一点 M，投影中心为 O，则有 $OM/\!/\pi$。由 OM 与 l_1 决定的平面 α_1 与平面 π' 的交线即为直线 l'_1，由 OM 与 l_2 决定的平面 α_2 与平面 π' 的交线即为直线 l'_2，则有 l'_1 与 l'_2 相交于 w' 上的点 M)用通常的说法说是，中心投影可以把相交两直线变成两平行线，也可以把两平行线变成相交直线。

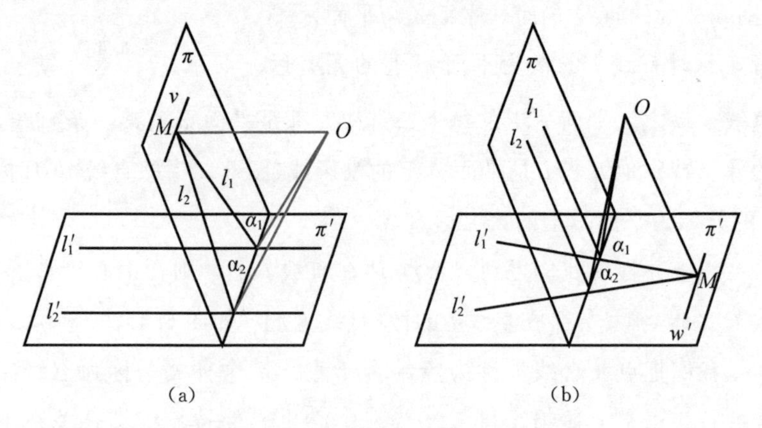

图 6.5

(3)中心投影把共点三线变成共点三线(三线共一个无穷远点时即三线平行)。换成通常的说法就是，中心投影把共点三线变成共点三线或三条平行直线。

例 1 试设计一个中心投影，把平面上共线的三个点，投射到另一个平面上，变成三个无穷远点。

设平面π上共线三点A，B，C所在直线为l，在平面π外取一点O，记由点O和直线l所决定的平面为α，任取一与α平行的平面为π'(如图 6.6)。于是在以O为投影中心，从平面π到平面π'的中心投影下，l为π上的没影线，它在平面π'上的像是π'上的无穷远直线。因为A，B，C三点都在直线l上，所以它们的像都在l的像即无穷远直线上，因而皆为无穷远点。

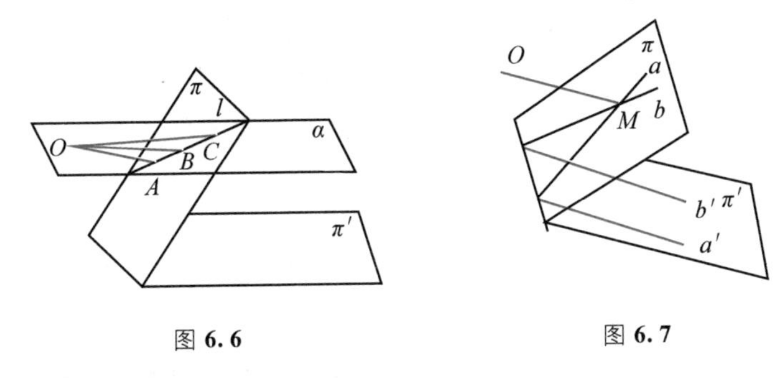

图 **6.6**　　　　图 **6.7**

例 2　试设计一个中心投影，把一个平面上的两相交直线，投射到另一个平面上，使之变成两平行直线。

设平面π上相交两直线a，b的交点为M，在平面外取一点O，连接OM，取一个与直线OM平行的平面为π'(如图 6.7)。则以点O为投影中心，从平面π到平面π'的中心投影，就把平面π上的两相交直线a，b，投射成平面π'上的两平行直线a'，b'(你能说出它的根据来吗?)

2. 圆在中心投影下可以变成椭圆、双曲线或抛物线

我们知道，用不同平面截割正圆锥面，随着截平面的位置变化，得到的截线可以是圆、椭圆、抛物线和双曲线，如图 6.8 所示。具体地说，当截平面π与圆锥面的轴垂直时，截线是圆；当

截平面 π_1 与圆锥面的轴的夹角小于直角而大于圆锥面的半顶角时，截线是椭圆；当截平面 π_2 与圆锥面的轴的夹角等于圆锥面的半顶角，即与圆锥面的一条母线平行时，截线是抛物线；当截面 π_3 与圆锥的轴的夹角小于圆锥面的半顶角，即与圆锥面的两腔都相交时，截线是双曲线。

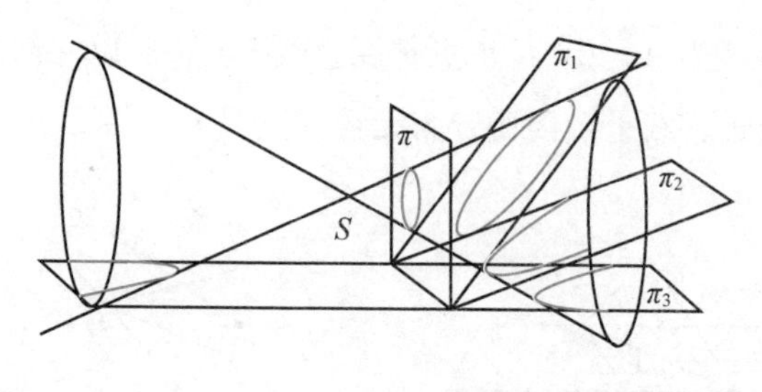

图 6.8

我们用变换的观点来看图 6.8，平面 π 上的圆，在以 S 为投影中心的中心投影下，在平面 π_1 上的像是椭圆，在平面 π_2 上的像是抛物线，在平面 π_3 上的像是双曲线。说得仔细一点就是：

(1)若中心投影把平面 π 上不与圆相交的一条直线，投射成平面 π_1 上的无穷远直线，则该中心投影把平面 π 上的上述圆，投射成平面 π_1 上的椭圆；

(2)若中心投影把平面 π 上与圆相切的一条直线，投射成平面 π_2 上的无穷远直线，则该中心投影把平面 π 上的上述圆，投射成平面 π_2 上的抛物线；

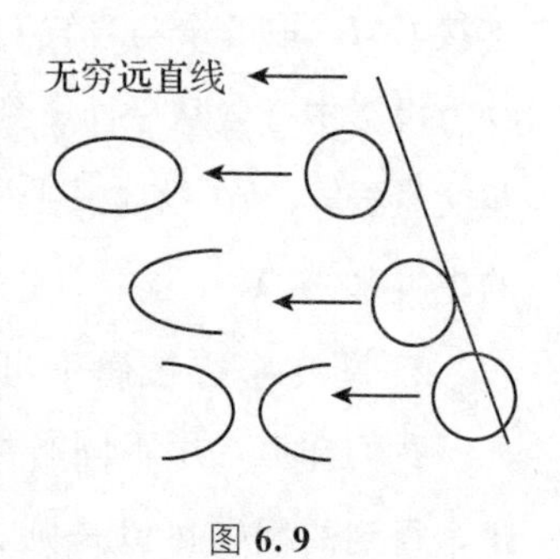

图 6.9

(3)若中心投影把平面 π 上与圆相交的一条直线，投射成平面 π_3 上的无穷远直线，则该中心投影把平面 π 上的上述圆，投影成平面 π_3 上的双曲线。

可见，椭圆、双曲线和抛物线都是圆在中心投影下的像(如图6.9)。在中心投影下，它们可以彼此互相变换。

§6.3 中心投影在航空测量中的应用

照相就是以透镜 S 为投影中心，从实物到底片的一个中心投影(我们把实物也设想成一个平面图形)，示意图见6.10。照出的相片的大小由图6.10中的两个距离 d' 与 d 的比决定。通常照相时，相机也是直立的，即底片所在平面 π' 与实物所在的平面 π 是平行的，因此照出的相片与实物形状相同，只是大小改变了，即相片和实物(图形)是相似图形。但如果相机放歪了，即 π' 与 π 不平行，则照出的相片就是一个失真的歪曲了的形象。

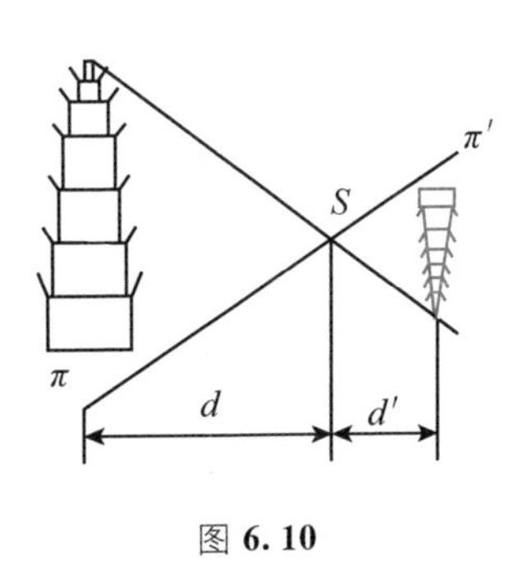

图 **6.10**

在航空摄影时就会出现这种情形。因为飞机在飞行过程中会颠簸动荡，就使固定地安装在飞机上的摄影机也随着发生歪斜，不是垂直地从上向下对着地面(我们假定地面是水平的)，因而拍到的地面的图像是变了形的。

为了得到真实的地面图像，我们必须对拍摄所得的像进行矫正。

这里要用到平面到平面的中心投影的一个基本定理，也称唯一决定定理：如果从平面 P 到平面 π 的两个中心投影，都把平面 P 上无三点共线的四个点 A，B，C，D，投射成平面 π 上也是无三点共线的四个点 A'，B'，C'，D'，那么，平面 P 上任何一个点，在这两个中心投影下的像也必然相同，即这两个中心投影就是同一个中心投影。

换句话说，只要知道了图形上无三点共线的四个点在一个中心投影下被投射成哪四个点，则整个图形在该中心投影下的像就完全决定了。

现在，我们就根据这个定理给出矫正上述摄影绘像的方法。

如果设想在作航空摄影时，有一个水平幕 π 在透镜的中心 S 下方距离为 h 处(如图 6.11)。以 S 为投影中心，地面投射到水平幕 π 上的像，是依比例尺 $h:H$ 与地面图形相似的图形(没有歪曲)，此处 H 是透镜(飞机)离地面的高度(如图 6.11)。当底片 P 随飞机倾斜，与地面不平行(因而与假想平面 π 不平行)时，底片 P 从假想平面 π 上的绘像摄下的像就发生变形，我们通过如下方法进行矫正。

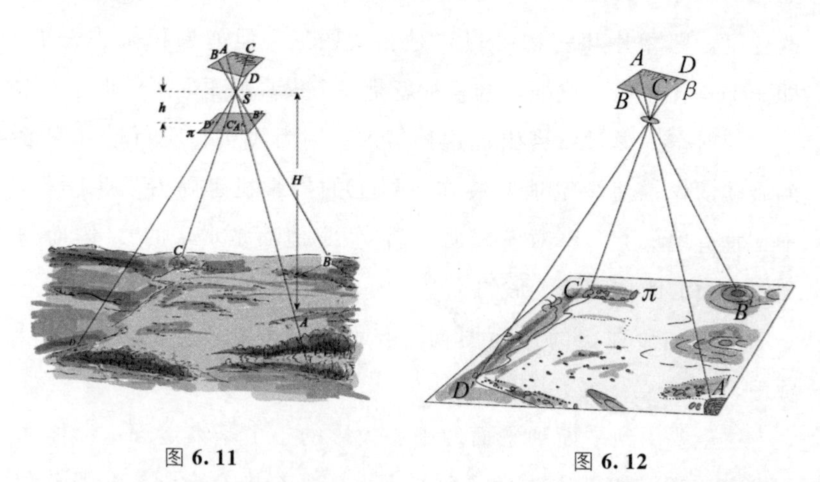

图 6.11　　　　图 6.12

把底片插入一个装在特殊架子上的投射器里，投射器可以用调节螺丝，调整它与幕 π 的距离，而且还可以随意调整它的方位。

把实地测量地面所得的一张地面图装在幕 π 上，如图 6.12。这张图不需要很详细。在图上选取四个点 A'，B'，C'，D'。这些点所表示的景物，在底片上要容易找到，例如交叉路口的一角，房屋的一角，等等。在底片 P 上受到感光的对应点 A，B，C，D 处用针各刺一小孔。在底片 P 后面装一个投射用的灯，投射器的透镜 S 就把底片 P 投射到慕 π 上。运用调节螺丝，使得刺穿的小孔 A，B，C，D 正好对准装在幕 π 上的地图上对应的点 A'，B'，C'，D'。做到这一步以后，固定好投射装置不动。把地图换成带照相正片的夹子。在正片上就能得到从飞机所照的底片 P 到幕 π 上的投影。根据上述基本定理，我们在正片上所得到的，就是所摄地区的正确的(即与地面图形相似的)而不是歪曲的地图。这个图就相当于图 6.11 中在假想水平幕 π 上的与地面图形相似的图形。

§6.4 巧用中心投影解题举例

从§6.2 我们知道，平面到平面的中心投影，保持点与直线的结合关系不变，把共线点仍变成共线点，把共点线仍变成共点线。我们把图形经过中心投影不变的性质，称为图形的射影性质。因此，点线结合关系，三点共线、三线共点等都是图形的射影性质。

这样，如果一个图形 F 具有某个射影性质，则 F 在中心投影下的像图形 F'，一定也具有这个性质。反过来也对，若像图形 F' 具有某个射影性质，则原像图形 F 一定也具有这个性质。因此，当我们要证明一个图形 F 具有某个射影性质时，可以先通过适当的中心投影，把该图形变成一个新的图形 F'，只需证明新图形 F' 具有该性质，即可断言原图形 F 必具有该性质。如果新图形 F' 比原图形 F 特殊，对 F' 证明具有该性质要简单容易得多，那么，用这种方法就可使我们化难为易。

从§6.2我们又知道，通过适当的中心投影，可以把相交直线变成平行直线，甚至可以把两对相交直线，同时变成两对平行直线(只需把这两对直线的交点同时变成无穷远点，为此只需把两交点的连线变成无穷远直线)。例如在图6.6中，平面π上若有三对相交直线，分别相交于共线三点A，B，C，则在该中心投影下，就同时变成平面π'上的三对平行直线了。

例如要对一个图形证明某三点共线或某三线共点，我们可以先通过中心投影，把某个点或某条直线投影成无穷远点或无穷远直线，这样就可以在新图形中出现一组或几组平行直线，而平行直线具有许多特殊的性质，例如有许多相等的角，以及某些线段的比例关系等，这样可使在新图形中证明三点共线或三线共点简单容易得多。

例1 如图6.13，设直线l_1和l_2交于T，S不在l_1和l_2上，过S的三条直线m_1，m_2，m_3分别交l_1于A_1，B_1，C_1，与l_2交于A_2，B_2，C_2。且A_1B_2与A_2B_1交于点P，B_1C_2与B_2C_1交于点Q，C_1A_2与C_2A_1交于点R，试证明

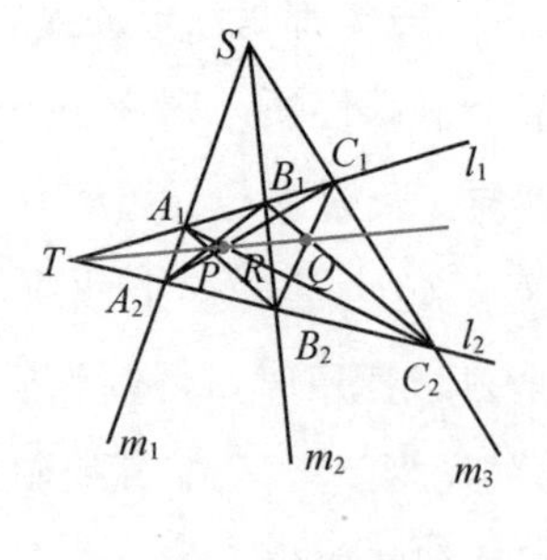

图 6.13

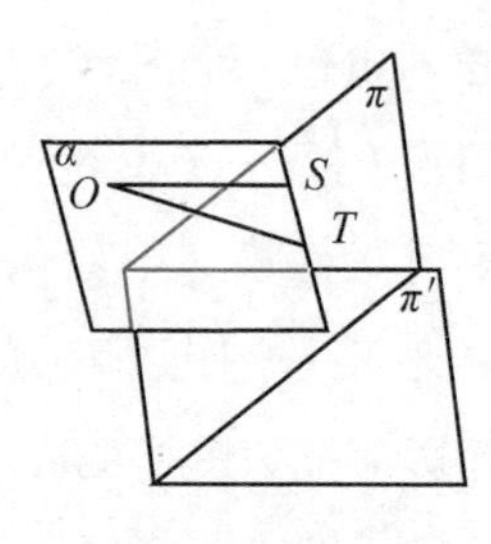

图 6.14

(1)P，Q，R 三点共线；

(2)P，Q，R 所在直线经过点 T。

分析与证　由于本题的已知和求证中，都是关于共点线和共线点的，是在中心投影下不变的性质，因此我们可以先通过中心投影，应用§6.2例1的方法，同时把 S 和 T 投射成无穷远点。如图6.14，设图形所在平面为 π，在 π 外取一点 O，记由 O 和直线 ST 所决定的平面为 α，不过点 O 任取一平行于 α 的平面为 π'，则以 O 为投影中心，从平面 π 到 π' 的中心投影，就把平面 π 上的两点 S 和 T 同时投射成平面 π' 上的无穷远点。于是，平面 π 上的原图形就被投射成平面 π' 上的新图形，其中包含两组平行直线，各点和各直线的像用原来字母带“$'$”表示，无穷远点带有下标“∞”，如图6.15。于是原问题转化为：

已知 $l'_1 \parallel l'_2$，$m'_1 \parallel m'_2 \parallel m'_3$，$m'_1$，$m'_2$，$m'_3$ 分别交 l'_1 于 A'_1，B'_1，C'_1，交 l'_2 于 A'_2，B'_2，C'_2，$A'_1B'_2$ 交 $A'_2B'_1$ 于 P'，$B'_1C'_2$ 交 $B'_2C'_1$ 于 Q'，$C'_1A'_2$ 交 $C'_2A'_1$ 于 R'，求证 P'，Q'，R' 三点共线，且 P'，Q'，R' 所在直线与 l'_1 和 l'_2 平行。

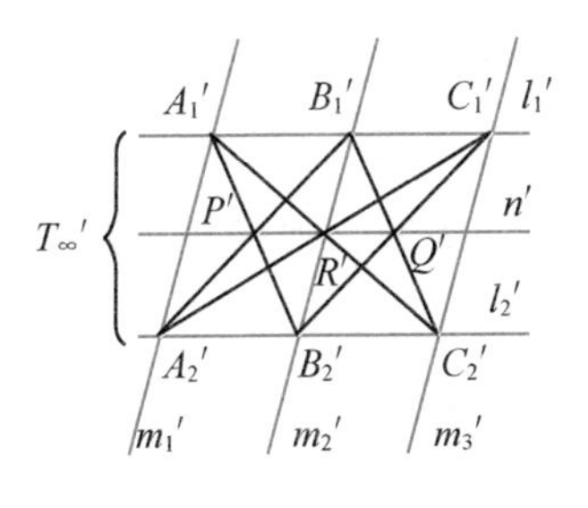

图 6.15

由于 $A'_1B'_1B'_2A'_2$ 是平行四边形，对角线 $A'_1B'_2$ 与 $A'_2B'_1$ 互相平分，因此对角线交点 P' 在平分两对边所在平行直线 l'_1 和 l'_2 间距离的平行线 n' 上(如图6.15)。同理，点 Q' 和 R' 也在直线 n' 上。因此，P'，Q'，R' 三点共直线 n'，且 $n' \parallel l'_1 \parallel l'_2$。

这就证明了平面 π 上的图6.13在中心投影下在 π' 上的像图

6.15 具有所要求的性质——P'，Q'，R'三点共线，且所在直线与l'_1 和 l'_2 共点(平行即共无穷远点 T'_∞)。由于三点共线和三线共点都是在中心投影下不变的性质，所以经过上述中心投影的逆映射(仍是中心投影)，把平面π'上的图 6.15 变回到 π 上的图 6.13 时，仍有 P，Q，R 三点共线，且所在直线通过 l_1 与 l_2 的交点。■

这种通过把一般图形变换成特殊图形来证明问题的方法，我们在§5.3 中曾经用过。不同的是，在那里是通过平行投影变换图形，证明的是图形在平行投影下不变的性质，而这里是通过中心投影变换图形，证明的是图形在中心投影下不变的性质。

上述例 1 在进行大地测量时有重要的实际应用价值。

设 M 是平面上一点，l_1 和 l_2 是平面上交于不可达点的两条直线，试用直尺(不用圆规)做出经过点 M 和 l_1 与 l_2 的交点的直线(如图 6.16)。

所谓不可达点，是指该点在我们作图允许的有界范围之外。在实际的大地测量中，某个允许的作图区域可能被一条河、一个海域、一座山、一片森林或一块沼泽地所限制。这是一类在平面的有界部分作图的问题。

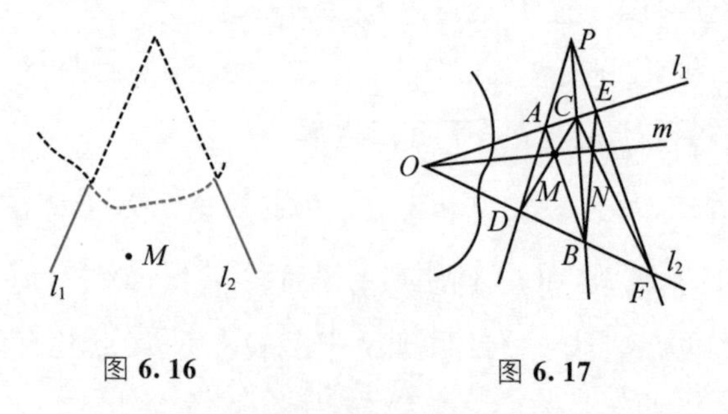

图 **6.16**　　图 **6.17**

作法　过已知点 M 作两条直线 AB 和 CD，交 l_1 于 A，C，交

l_2 于 B，D(如图 6.17)，直线 DA 与 BC 交于点 P。过 P 作直线 EF 交 l_1 于 E，交 l_2 于 F，BE 与 FC 交于 N。根据例 1 我们即可得出：过 M，N 的直线 m 必经过 l_1 与 l_2 的交点 O。

现在我们把例 1 中的条件稍加放宽，不要求直线 m_1，m_2，m_3 共点，证明结论(1)仍成立。

例 2 帕普斯(Pappus)命题

如图 6.18，已知直线 l_1 上任意三点 A_1，B_1，C_1，直线 l_2 上任意三点 A_2，B_2，C_2，A_1B_2 交 A_2B_1 于 P，B_1C_2 交 B_2C_1 于 Q，C_1A_2 交 C_2A_1 于 R，求证 P，Q，R 三点共线。

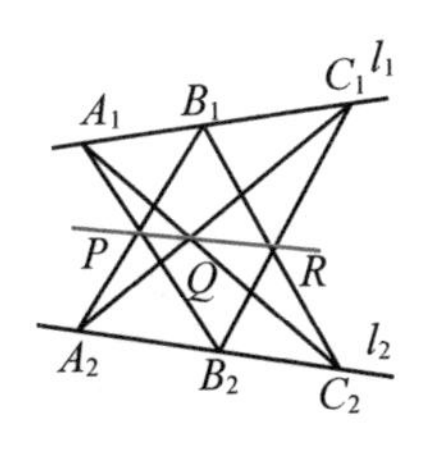

图 **6.18**

分析与证 由于直线 A_1A_2，B_1B_2，C_1C_2 不必共点，因此例 1 中将它们投射成三条平行线的做法行不通了，我们换一个思路。

由于三点共线是在中心投影下不变的性质，因此要证明 P，Q，R 三点共线，只需证明它们在某个中心投影下的像共线即可。为此，我们设法把 Q，R 同时投射成无穷远点 Q'_∞，R'_∞，只需证明点 P 的像也是无穷远点(P'_∞)，即可得 P'_∞，Q'_∞，R'_∞ 三点共线(共无穷远直线)。

设 l_1，l_2 所在平面为 π，取一适当的中心投影，把 Q 和 R 同时投射成平面 π' 上的无穷远点 Q'_∞ 和 R'_∞。于是 π 上的图 6.18 被投射成平面 π' 上的图 6.19。原题变为

已知直线 l'_1 上任意三点 A'_1，B'_1，C'_1，直线 l'_2 上任意三点 A'_2，B'_2，C'_2，$B'_1C'_2 /\!/ B'_2C'_1$，$C'_1A'_2 /\!/ C'_2A'_1$，求证

$$A'_1B'_2 /\!/ A'_2B'_1。$$

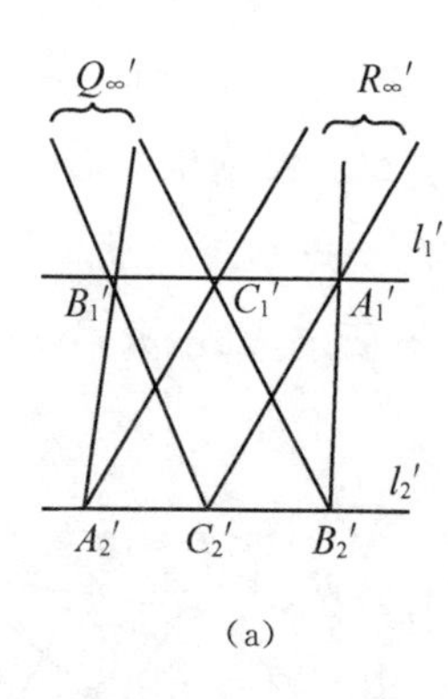

(a)

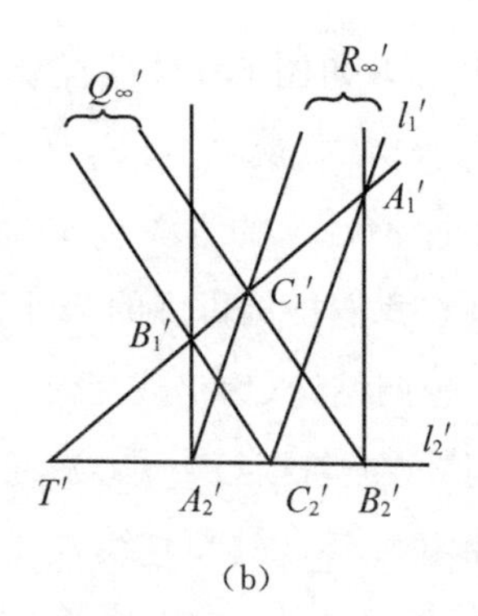

(b)

图 **6.19**

当 $l'_1 /\!/ l'_2$ 时(如图 6.19(a))，易证。

当 l'_1 与 l'_2 交于点 T' 时(如图 6.19(b))，由 $B'_1C'_2 /\!/ B'_2C'_1$ 得 $\dfrac{T'B'_1}{T'C'_2}=\dfrac{T'C'_1}{T'B'_2}$，由 $C'_1A'_2 /\!/ C'_2A'_1$ 得 $\dfrac{TC'_1}{TA'_2}=\dfrac{T'A'_1}{T'C'_2}$，因而有 $T'B'_1\cdot T'B'_2=T'C'_1\cdot T'C'_2=T'A'_1\cdot T'A'_2$，可得$\dfrac{T'A'_1}{T'B'_2}=\dfrac{T'B'_1}{T'A'_2}$，于是 $A'_1B'_2 /\!/ A'_2B'_1$。

这就证明 $A'_1B'_2$ 与 $A'_2B'_1$ 交于无穷远点(P'_∞)，即 P，Q，R 三点在上述中心投影下的像 P'_∞，Q'_∞，R'_∞共线，因此我们断言，原像 P，Q，R 三点共线。

上述例 2 中证明三点共线所用的方法是，先用中心投影把三点中的两点投成无穷远点，然后证明在这个中心投影下第三个点的像也是无穷远点，即这三个点的像共线(共无穷远直线)，因此原来的三点必共线。这种方法把证明三点共线的问题。转化为已知两对直线互相平行，求证第三对直线也平行的问题。上述方法是证明三点共线常用的方法之一。

上述例 2 是射影几何中的一个著名定理，称为帕普斯(Pappus)命题，或帕普斯定理。帕普斯是 3 世纪前后的希腊亚历山大学派晚期的数学家。他收集希腊自古以来各名家的著作，写成 8 卷的《数学汇编》，其中也包括他自己的创作。许多古代的学术成果，由于这部书存录，才为后人所知。

例 3 笛沙格(Desargues)定理。

已知平面上$\triangle A_1B_1C_1$和$\triangle A_2B_2C_2$，若三对对应顶点的连线A_1A_2，B_1B_2，C_1C_2共点(S)，则三对对应边A_1B_1和A_2B_2，B_1C_1和B_2C_2，C_1A_1和C_2A_2的交点P，Q，R共线(如图 6.20)。

我们仍采用证明上述例 2 时所用的方法：要证P，Q，R三点共线，先通过适当的中心投影，把Q和R同时投射成无穷远点Q'_∞和R'_∞，再证明在这个中心投影下，点P也被投射成无穷远点P'_∞。于是原问题转化为

如图 6.21，已知$A'_1A'_2$，$B'_1B'_2$，$C'_1C'_2$交于点S'，$B'_1C'_1 /\!/ B'_2C'_2$，$C'_1A'_1 /\!/ C'_2A'_2$，求证$A'_1B'_1 /\!/ A'_2B'_2$。

由$B'_1C'_1 /\!/ B'_2C'_2$得$\dfrac{S'B'_1}{S'B'_2}=\dfrac{S'C'_1}{S'C'_2}$，由$C'_1A'_1 /\!/ C'_2A'_2$得$\dfrac{S'C'_1}{S'C'_2}=\dfrac{S'A'_1}{S'A'_2}$，于是有$\dfrac{S'A'_1}{S'A'_2}=\dfrac{S'B'_1}{S'B'_2}$，因而得$A'_1B'_1 /\!/ A'_2B'_2$。

当点S'也是无穷远点(即S'_∞)时，上述结论易证。

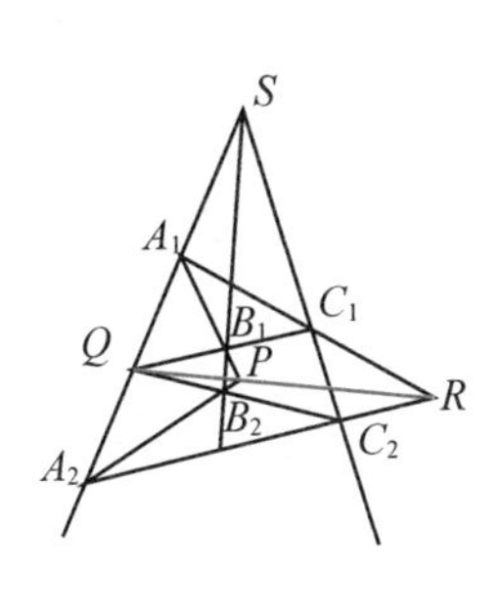

图 6.20

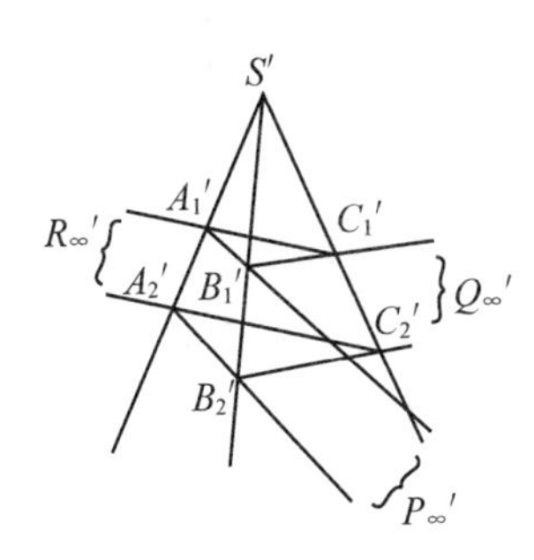

图 6.21

这就证明了当$B'_1C'_1$与$B'_2C'_2$，$C'_1A'_1$与$C'_2A'_2$的交点是无穷远点Q'_∞和R'_∞时，$A'_1B'_1$与$A'_2B'_2$的交点也是无穷远点(P'_∞)，于是P'_∞，Q'_∞，R'_∞三点共线。从而我们可以断言，它们的原像P，Q，R三点亦共线。

笛沙格定理的逆定理　平面上两个三角形$A_1B_1C_1$和$A_2B_2C_2$，若三对对应边A_1B_1和A_2B_2，B_1C_1和B_2C_2，C_1A_1和C_2A_2的交点P，Q，R三点共线，则三对对应顶点的连线A_1A_2，B_1B_2和C_1C_2共点(如图6.22)。

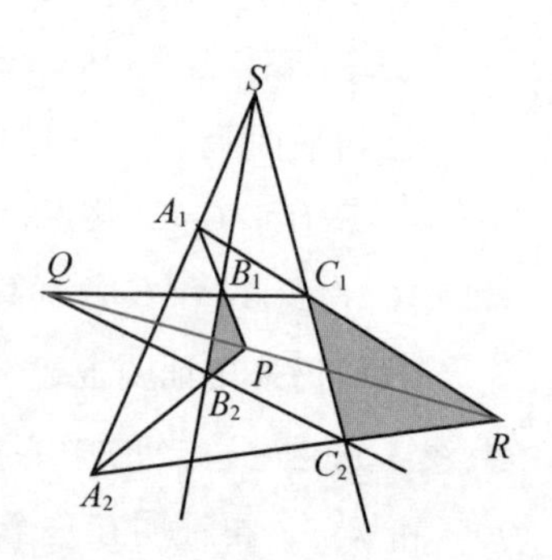

图 6.22

我们可以应用笛沙格定理来证明上述逆定理。考虑$\triangle B_1B_2P$和$\triangle C_1C_2R$(图6.22中用阴影标出)，由于三对对应顶点的连线B_1C_1，B_2C_2，PR共点Q，根据笛沙格定理得三对对应边B_1B_2和C_1C_2，B_1P和C_1R，B_2P和C_2R的交点S，A_1，A_2共线，也就是直线A_1A_2通过B_1B_2和C_1C_2的交点S，即A_1A_2，B_1B_2，C_1C_2三线共点。

这里，我们是把三线共点的问题，转化成三点共线的问题来解决的。

笛沙格定理和它的逆定理统称为笛沙格定理，常常用它来证明三点共线和三线共点。

下面介绍笛沙格定理的一个实际应用。

我们在实际绘图时，有时会遇到这样的问题：已知a，b是两条非常接近于互相平行的直线，M是平面上一点(如图6.23)，试在图纸所给范围内，用直尺做出过M和a，b交点的直线。

直线a，b的交点在所给作图范围之外，因此也是不可达点。

这个问题和前述关于大地测量时遇到的问题(如图 6.16)实际是同一个问题，不过这里允许作图的范围更小。若应用本节例 1 的方法作图，点 P(如图 6.17)往往会超出规定的作图范围。

现在我们应用笛沙格定理来解决这个作图题。

作法　如图 6.24，过 M 作两条直线①，②；①交 a 于 A_1，②交 b 于 A_2；连接 A_1A_2 得直线③，在③上取点 S；过 S 作直线④，与①交于 B_1，与②交于 B_2；过 S 作直线⑤，交 a 于 C_1，交 b 于 C_2；连接 B_1C_1 得直线⑥，连接 B_2C_2 得直线⑦，记⑥与⑦的交点为 N；过 M，N 的直线一定通过 a，b 的交点。证明留给读者。

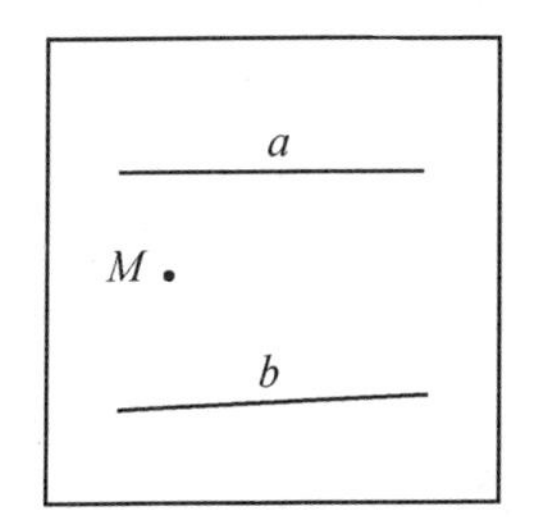

图 6.23

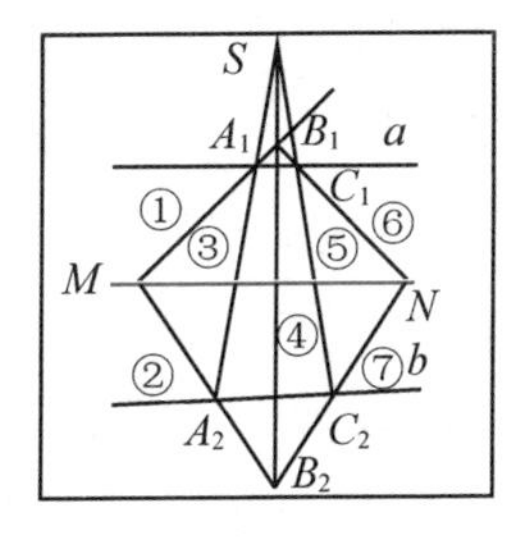

图 6.24

有兴趣的读者可进一步思考下述问题：

思考　如图 6.25，已知 a，b，c，d 四条直线，在图纸所给范围内，用直尺作出通过 a 与 c 的交点和 b 与 d 的交点的直线。

笛沙格(1593—1662)是法国数学家，射影几何的创始人之一。他是研究图形在中心投影下不变的性质的第一位数学家，在平面上引进无穷远点和无穷远直线是他的贡献，他所建立的上述笛沙格定理是射影几何中的一个基本定理。此外他还研究了交比在中心投影下的不变性，对合关系，调和点组，极点和极线，等等，奠定了射影几何的基础。

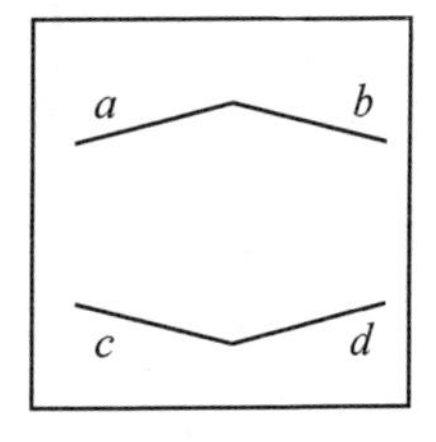

图 6.25

不仅如此，尤其重要的是，笛沙格引进了通过中心投影，将图形进行变换，作为研究图形性质的一种新的方法。以前的数学家对椭圆、双曲线和抛物线这几种不同类型的圆锥曲线，都是分别处理的，而笛沙格把它们都看成是圆在中心投影下的像，作了统一处理。在笛沙格建议下，帕斯卡(Pascal，1623—1662，法国数学家)应用中心投影的方法研究圆锥曲线，16岁时发现了射影几何中最著名的定理之一，后人以他的名字命题的定理：帕斯卡六边形定理——若一个六边形内接于一个圆锥曲线，则每两条对边相交得到的三个点在同一条直线上(如图6.26)。他说，由于这命题对圆成立，故通过中心投影，它必对所有圆锥曲线都成立。(顺便说一下，前面介绍的帕普斯命题(本节例2)恰是帕斯卡定理的特殊情形：当圆锥曲线退化成两条直线时，就得到帕普斯命题。)

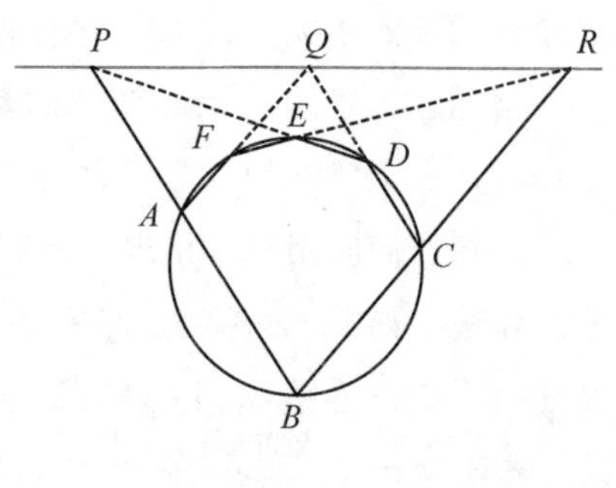

图 **6.26**

§6.5 平面射影变换简述

1. 射影变换

在§5.4，我们曾经介绍：连续施行有限回平面到平面的平行投影，得到一个平行投影链，由它所决定的两平面间的对应，称为平面到平面的仿射对应。平面到自身的仿射对应叫作平面上的仿射变换。

对于中心投影，完全类似，我们有：

连续施行有限回平面到平面的中心投影，得到一个中心投影链，由中心投影链决定的两平面间的对应，称为平面到平面的射影对应。平面到自身的射影对应叫作平面上的射影变换。

由于在拓广平面上，相交于无穷远点的直线是互相平行的，因此，当中心投影的投影中心是无穷远点时，该中心投影就变成平行投影。可见平行投影是中心投影的一个特殊情形，继而平行投影链是中心投影链的一个特殊情形，仿射对应是射影对应的一个特殊情形，仿射变换是射影变换的一个特殊情形。

射影变换还可以用其他方式定义，这里不再叙述。对于射影变换，我们也有，平面上的恒同变换是射影变换；两个射影变换的乘积仍是射影变换；射影变换的逆变换仍是射影变换(根据射影变换是平面到自身的中心投影链，上述这几个结论，直观上不难理解)。

我们把图形在射影变换下不变的性质，称为图形的射影性质。因此图形在中心投影下不变的性质，如点与直线的结合关系，共线点与共点线等，都是射影性质(我们在上一节开头时已经这样称呼它们了)。研究图形的射影性质的学科称为射影几何学。

若图形 A 可以经过射影变换变成图形 B，我们就称图形 A 与图形 B 射影等价。从射影几何的观点看，凡是射影等价的图形都是“一样的”(这与欧氏几何中，凡是全等的图形都是“一样的”情形相同)。由于圆、椭圆、双曲线和抛物线，可以经过中心投影(是射影变换)彼此互相变换，因此它们是射影等价的，在射影几何中它们属于同一类曲线。这就是说，在射影几何学家眼里，所有实的常态二阶曲线，包括所有的椭圆、双曲线和抛物线统统都是没有本质区别的一样的曲线。

2. 等距变换、仿射变换和射影变换三者之间的关系

由前六章的讨论，我们知道：

平移和旋转以及它们的乘积，称为同向等距变换，若它们再与轴反射相乘，则得到反向等距变换。同向等距变换与反向等距变换，总称等距变换。

平面到自身的平行投影链，称为仿射变换，而等距变换(包括平移、旋转、轴反射)是仿射变换的特殊情形。相似、位似和压缩也是仿射变换的特殊情形。

平面到自身的中心投影链称为投影变换，而仿射变换是射影变换的一个特殊情形。

可见射影变换是三种变换中最广泛的一种变换。若用集合的语言来描述它们之间的关系是：由全体平移组成的集合和全体旋转组成的集合，都是由全体等距变换组成的集合的子集；由全体等距变换组成的集合，又是由全体仿射变换组成的集合的一个子集；由全体仿射变换组成的集合，又是由全体射影变换组成的集合的一个子集。如图 6.27。

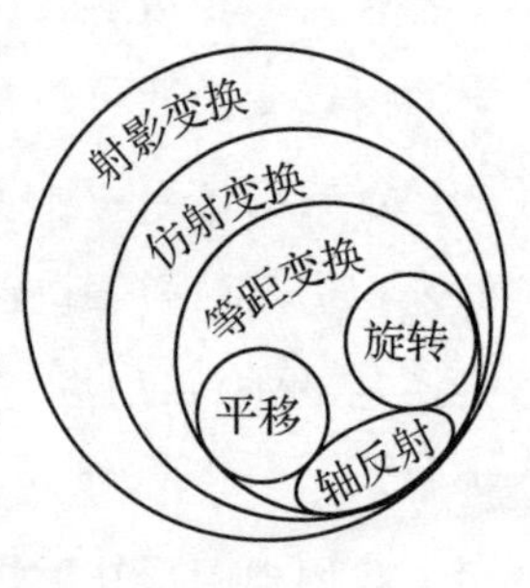

图 **6.27**

习题 6

1. 用中心投影证明，如图 6.28，已知 OX，OY，OZ 为三条定直线，A，B 为两定点，其连线通过点 O，设 R 为 OZ 上的动点，且 RA，RB 分别交 OX，OY 于 P 及 Q，则 PQ 必通过 AB 上的一个定点。

2. 用笛沙格定理证明，三角形的重心、垂心和外心三点共线(如图 6.29)。

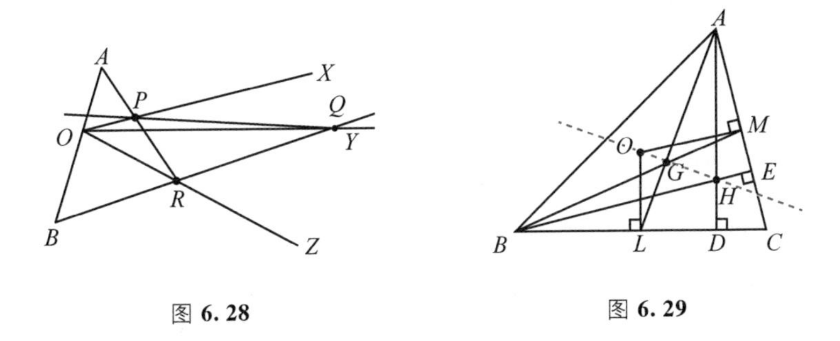

图 6.28　　图 6.29

3. 用笛沙格定理证明，任意四边形对边中点的连线(两条)及两对角线中点的连线，三线共点(如图 6.30)。

4. 如图 6.31，已知 a，b，c，d 是 4 条直线，在如图所示的范围内，求作直线过 a 与 c 的交点及 b 与 d 的交点。

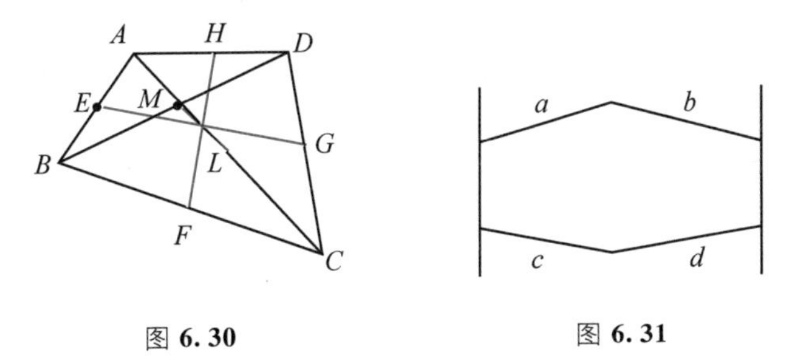

图 6.30　　图 6.31

§7. 用变换群的观点描述几何学

§7.1 什么是变换群

我们在§1.1介绍了平面上的一一(点)变换，得到平面上的恒同变换是一一变换，凡一一变换皆有逆变换，且其逆变换也是一一变换。又介绍了变换的乘法(复合)，得到两个一一变换的乘积还是一个一一变换，一一变换的乘法满足结合律。

在前六章中，我们分别介绍了平移、旋转、轴反射、位似变换，以及仿射变换和射影变换，它们都是平面上的一一变换，讨论了它们的性质，以及它们之间的联系。

本节我们将介绍变换群的概念，并给出几个变换群。

由平面上的某一类一一变换组成的集合 G，若满足

(1)集合 G 中的任意两个变换的乘积仍是集合 G 中的一个变换，即若 $F_1\in G$，$F_2\in G$，则 $F_2\cdot F_1\in G$；

(2)集合 G 中任意一个变换的逆变换仍是集合 G 中的一个变换，即若 $F\in G$，则 $F^{-1}\in G$。

我们就说变换的集合 G 组成一个**变换群**。

由上述条件(1)(2)可得，对于变换群 G 中任一变换 F，$F^{-1}\cdot F=I$(恒同变换)$\in G$，即恒同变换 I 属于每一个变换群。由于恒同变换 I 对于任一变换 F，都是 $I\cdot F=F\cdot I=F$，即恒同变换在变

换的乘法中所起的作用，相当于数的乘法中的单位 1。因此我们把恒同变换 I 称为变换群中的单位元。于是我们得到，任一个变换群中都有单位元(恒同变换)。

例 1　考察由平面上所有平移变换组成的集合，是否组成一个变换群?

由 § 1.2 关于平移变换的性质的讨论，我们知道

(1)任意两个平衡的乘积仍然是一个平移，

(2)任一平移的逆变换仍是一个平移，即由平面上所有平移组成的集合，满足变换群的两条要求，因此它组成一个变换群，我们称它为平移变换群。

例 2　由平面上所有绕定点 A 的旋转变换组成的集合，组成一个变换群，称为平面上绕定点 A 的旋转变换群。

验证如下：由 § 2.1 关于旋转变换的性质的讨论，我们知道

(1)任意两个绕定点 A 的旋转的乘积仍是一个绕定点 A 的旋转，即 $R(A, \theta_2) \cdot R(A, \theta_1) = R(A, \theta_1 + \theta_2)$。

(2)任一绕定点 A 的旋转的逆变换仍是一个绕定点 A 的旋转，即 $[R(A, \theta)]^{-1} = R(A, -\theta)$。

思考题 1　如果旋转中心不限制在固定点，由平面上的一切旋转变换组成的集合，是否仍组成一个变换群?

回想一下 § 3.3 中关于两个旋转中心不相同的旋转的乘积的讨论，就可做出上述问题的回答。

例 3　由平面上的所有平移和旋转以及它们的乘积组成的同向等距变换的集合，是否组成一个变换群?

检验如下：

(1)任意两个同向等距变换的乘积仍是一个同向等距变换，这

是根据§3.3关于等距变换的分解定理：任一同向等距变换必可分解为偶数个轴反射的乘积得到的。

(2)任一同向等距变换的逆变换仍是一个同向等距变换。

因此，所有同向等距变换组成的集合组成一个变换群，我们称它为同向等距变换群。

例4 (读者不难验证)平面上所有同向等距变换和所有反向等距变换组成的集合组成一个变换群，我们称它为等距变换群。

思考题2 平面上所有反向等距变换组成的集合，是否组成一个变换群?(可以轴反射为例进行检验。)

思考题3 平面上所有位似变换组成的集合，是否组成一个变换群?

例5 平面上所有仿射变换组成的集合，是否组成一个变换群?

检验如下：由§5.4的讨论，我们得到：

(1)任意两个仿射变换的乘积仍是一个仿射变换；

(2)任一仿射变换的逆变换仍是一个仿射变换；

因此，平面上所有仿射变换组成的集合，组成一个变换群，称为平面射影变换群。

例6 (不难验证)平面上所有的射影变换组成的集合，组成一个变换群，称为平面射影变换群。

现在我们来研究等距变换群，仿射变换群和射影变换群之间的关系。

考虑由一个变换群G中的一部分变换组成的G的一个子集H，若集合H本身也组成一个变换群，我们就称变换群H是变换群G的一个子群。

由于平移和绕定点旋转都是等距变换，因此，全体平移组成的集合和全体绕定点旋转组成的集合，都是全体等距变换组成的集合的子集，而且这两个子集各自也都组成一个变换群——平移变换群和绕定点旋转变换群，所以它们都是等距变换群的子群。

从§5.4的讨论我们知道，等距变换(包括平移、旋转、轴反射以及它们的乘积)是仿射变换的特例。因此，全体等距变换组成的集合是全体仿射变换组成的集合的一个子集。于是我们得到，等距变换群是仿射变换群的一个子群。

从§6.4的讨论我们知道，仿射变换又是射影变换的特殊情形。因此，全体仿射变换组成的集合，是全体射影变换组成的集合的一个子集。于是我们得到，仿射变换群又是射影变换群的一个子群。

§7.2 用变换群刻画几何学

1872年德国数学家克莱因(Klein，1849—1925)在爱尔朗根大学发表了题为《近世几何学研究的比较评论》的就职演说。在这一篇演说中，他总结比较了各种几何学，明确地表述了构成各种几何学的普遍原则。即考虑究竟的某种一一变换组成的变换群，研究图形在这个变换群中的一切变换下保持不变的性质，就构成一门几何学。这就是克莱因用变换群刻画几何学的观点，后来人们也把这个观点称为爱尔朗根纲领。

我们以中学平面几何为例来解释说明克莱因的上述观点。

我们在中学学习的平面几何，属于欧几里得几何学(简称欧氏几何学)，它们研究的是图形的那些与其在平面上的位置无关的性质(和量)，也就是合同的(全等的)图形所共有的性质(和量)。也就是说，合同的图形在欧氏几何中看成是“一样的”，不加以区别。

现在我们从动的观点，也就是用变换的观点，来分析欧氏几何所研究的内容。

我们把平面上所有点的集合记为π，平面上的一个图形A看作π的一个子集，平面上的等距变换群记为G。由于图形经过等距变换(平移、旋转、轴反射以及它们的乘积)以后，形状和大小都不改变，也就是说，一个图形和它在等距变换下的像合同(全等)。因此，对于平面上的两个图形A和B，若存在一个等距变换$F\in G$，使$F(A)=B$，我们就称图形A与B合同，即$A\cong B$。我们用一个一般的记号$\sim$代替$\cong$，记为$A\sim B$(读作A等价于B)，这里的等价是指“等距等价”即合同。

容易看到，图形之间的“合同”关系满足下列三个性质：

(1)反身性　任一图形A和它自身合同，即$A\sim A$。这是因为恒同变换I是等距变换，且$I\in G$(I是变换群G中的单位元)，$I(A)=A$。

(2)对称性　若图形A和B合同，则图形B与A也合同。即若$A\sim B$，则$B\sim A$。这是因为，若$A\sim B$，则存在等距变换$F\in G$，使$F(A)=B$。而F的逆变换F^{-1}也是等距变换，它是F的逆元，由于G是变换群，所以$F^{-1}\in G$，使$F^{-1}(B)=A$。

(3)传递性　若A与B合同，B与C合同，则A与C合同。即若$A\sim B$，$B\sim C$则$A\sim C$。这是因为，若$A\sim B$则存在等距变换$F_1\in G$，使$F_1(A)=B$，若$B\sim C$则存在等距变换$F_2\in G$，使$F_2(B)=C$。由$F_2\cdot F_1$仍是等距变换，且G是变换群，所以$F_2\cdot F_1\in G$，使$F_2\cdot F_1(A)=C$。

我们把满足上述三个性质的关系，称为一个等价关系。所以

“合同”是一个等价关系。

由于平面上全体等距变换的集合组成一个变换群，而组成变换群所要求的(1)(2)两个条件及变换群中存在单位元——恒同变换 I，正好保证等价关系的上述三个性质成立，即保证合同是一个等价关系。

我们按合同关系将平面上所有的图形进行分类：凡合同的图形属于同一类，不合同的图形属于不同的类。这个分类“不重不漏”，即每个图形一定属于某一类，而且只属于这一类。我们把每一类称为一个等价类。

欧氏几何学研究的是合同的图形所共有的性质，即同一个等价类中所有图形所共有的性质，而同一个等价类中的图形，可以经等距变换彼此互相变换。这样，同一个等价类中的一切图形所共有的性质，也就是图形经过一切等距变换不改变的性质，即图形在等距变换群下的不变性。反过来，凡是图形在等距变换群下的不变性，即图形在一切等距变换下不变的性质，也就是同一等价类中的一切图形所共有的性质，即合同的图形所共有的性质。因此我们说，研究图形在等距变换群下的不变性，就构成欧氏几何学。这就是按克莱因观点对欧氏几何学的描述。

根据克莱因的观点，研究图形在一种变换群下的不变性就构成一门几何学。那么，研究图形在这个变换群的一个子群下的不变性，当然也构成一门几何学了。我们把子群所刻画的几何学，称为原来变换群所刻画的那个几何学的一个子几何学。这样，原来几何学中的定理，在其子几何学中也一定成立。但反过来子几何学中的定理，在原来几何学中却未必一定成立。因为原来几何学中的一个定理，即图形在原来变换群中的一切变换下保持不变的一个性质。这个性质在子群所包含的所有变换(只是原来变换群中的一部分变换)下必定也保持不变，所以一定也是子几何学中的一个定理。反过来却未必成立。这是因为图形在一部分变换下保持不变的性质，在全体变换下不一定保持不变，一般地说，全体成员的共性要比部分成员的共性少。打个比方：某中学全校所有班级的共性——开设语文课和数学课，当然也是某个年级的班级的共性。但是反过来，某个年级的班级的共性——开设语文课、数学课和化学课，其中开设化学课就不是全校所有班级的共性。这就是说子几何学的内容比原来几何学的内容要丰富得多。

§7.3 几何学的广阔天地

1. 仿射几何学和射影几何学

按照克莱因的观点，研究图形在平面等距变换群下保持不变的性质，就构成平面欧氏几何学，这就是我们通常在中学所学的平面几何。

同样，研究图形在平面仿射变换群下保持不变的性质，就构成另一种平面几何学，我们把它称为平面仿射几何学。原来我们在§5中讨论的已经是属于仿射几何学的内容了。在那里我们把图形在仿射变换下不变的性质称为图形的仿射性质。

若存在仿射变换把图形 A 变成图形 B，我们就称图形 A 与图形 B“仿射等价”。仿射等价的图形在仿射几何中被看成是“一样的”，不加以区别。因此，在仿射几何学家眼中，所有的三角形都是一样的，都和正三角形一样，所有的平行四边形都和正方形是一样的，所有的圆和椭圆都和单位圆是一样的，所有的双曲线都是一样的，所有的抛物线也都是一样的。仿射几何研究的是仿射等价的图形所共有的性质，即图形的仿射性质。

同样，研究图形在平面射影变换群下保持不变的性质，又构成另一种平面几何学，我们把它称为平面射影几何学。原来我们在§6中讨论的已经是属于射影几何学的内容了。在那里，我们把图形在射影变换下不变的性质称为图形的射影性质。

若存在射影变换把图形 A 变成图形 B，就称图形 A 与图形 B "射影等价"。射影等价的图形在射影几何中被看成是"一样的"，不加以区别。因此，在射影几何学家眼中，所有的四边形全都是一样的，所有的圆、椭圆、双曲线和抛物线，统统是一样的。射影几何研究的是射影等价的图形所共有的性质，即图形的射影性质。

由于等距变换群是仿射变换群的一个子群，因此，等距变换群所刻画的欧氏几何学是仿射变换群所刻画的仿射几何学的一个子几何学。由于仿射变换群又是射影变换群的一个子群，因此仿射几何学又是射影几何学的一个子几何学。欧氏几何学也是射影几何学的一个子几何学。

于是射影几何中的定理也是仿射几何中的定理，仿射几何中的定理又是欧氏几何中的定理。但反过来欧氏几何中的定理却不一定都是仿射几何和射影几何中的定理，仿射几何中的定理不一定都是射影几何中的定理。因此这三种几何学比较起来，欧氏几何学内容最为丰富，而射影几何学中的定理虽然数量少，但是最基本的，适用的范围比欧氏几何广泛得多，它在三种几何中都成立。

例如，等距变换下的基本不变量是两点间的距离，仿射变换下的基本不变量是共线三点的简比(见§5.2)，射影变换下的基本不变量是共线四点的交比(共线四点 A，B，C，D 的交比(AB, CD)是两个简比的比：$(AB, CD)=\frac{(ABC)}{(ABD)}$)。由两点间的距离不变，可得共线三点的简比不变，由共线三点的简比不变，又可得共线四点的交比不变。所以共线三点的简比和共线四点的交比，在等距变换下也都不变，它们也都是欧氏几何研究的内容。而仿射几何和射影几何中就不研究两点间的距离，因为两点间的距离不是仿射变换群和射影变换群下的不变量。同样，简比和交比都是仿射几何研究的内容，但简比不是射影几何研究的内容，因为简比在射影变换群下不再保持。只有共线四点的交比是射影几何研究的内容。

又例如，图形在等距变换下的基本不变性是保持图形的合同关系，图形在仿射变换下的基本不变性是保持直线的平行关系，图形在射影变换下的基本不变性是保持点与直线的结合关系，这三者都是欧氏几何研究的内容，但在仿射几何中不研究合同性，在射影几何中不研究合同性和平行性，只研究点线结合关系。

欧氏几何是仿射几何的子几何，仿射几何又是射影几何的子几何，这就是三种几何之间的关系。原来在欧氏几何学之外，还有一个广阔的几何学的新天地。

2. 非欧几何学：罗氏几何学和黎曼几何学

自从公元前 3 世纪欧几里得(Euclid)(如图 7.2)关于几何学的书《几何原本》问世以来，人们认为书中的第五公设(即平行公设)* 不像一条公理，因此想从书中其他公理推证出它来，这就是有名

---

* 第五公设是：“若两直线与一直线相交，所成的同侧两内角之和小于两直角，则这两条直线在这一侧必相交。”(如图 7.1)

的“试证第五公设问题”。前后经历了约两千年，很多著名的数学家为此绞尽脑汁，有的耗尽毕生精力，始终未能成功。敢于思考的数学家开始怀疑，第五公设是不能证明的。直至 19 世纪初叶，俄国数学家罗巴切夫斯基（Лобачевский，1792—1856)(如图 7.3)。匈牙利数学家 J·鲍耶(János，Bolyai，1802—1860)和德国数学家高斯(Gauss，1777—1855)各自独立地发展了另一种几何学。由于罗巴切夫斯基于 1826 年最先发表，所以通常称为罗巴切夫斯基几何学，简称罗氏几何学，也称双曲几何学。罗氏几何学是用一条新的平行公理代替欧氏的平行公理，而保留欧氏的其他公理不动，建立起来的一种几何学。

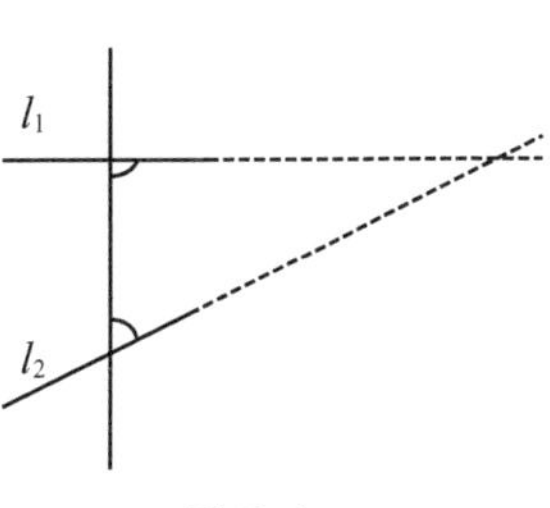

图 **7.1**

图 **7.2** 欧几里得

图 **7.3** 罗巴切夫斯基

欧氏平行公理

在平面上，过直线外一点，只有一条直线与已知直线平行。

罗氏平行公理

在平面上，过直线外一点至少有两条直线与已知直线共面不交。

罗氏几何学的创立是几何学上的一场革命，它打破了欧氏几何对几何学的统治地位，从此欧几里得不再是几何学的同义语，欧氏几何只是几何学的一种。有人把罗巴切夫斯基比喻为几何学界的“哥白尼”。

罗氏几何学的创立，推动了几何学的发展。1854 年 28 岁的德国年轻的数学家黎曼(Riemann，1826—1866)(如图 7.4)又创立了一种新的几何学，既不是欧氏几何学，也不是罗氏几何学。黎曼不承认有平行线存在，这种几何学用公理“同一平面上的任何两条直线一定相交”代替欧氏平行公理，并对欧氏几何中其余公理的一部分做了改动，规定直线是封闭的，其长度有限。这种几何学称为黎曼的椭圆几何学，或称狭义的黎曼几何学。我们把球面看作“平面”，球面上的大圆看作“直线”，由于在球面上，任何两个大圆都有两个交点(如图 7.5)，于是就有“平面上”任何两条“直线”都有两个交点，且“直线”是封闭的，其长度有限。在黎曼原来的假定中，只说两直线必相交，没有说有多少交点。这种有两个交点的黎曼几何学叫作双式椭圆几何学，或者简称为球面几何学。如果把球面上的每两个对径点(即每一条直径的两个端点)都看成同

图 **7.4** 黎曼

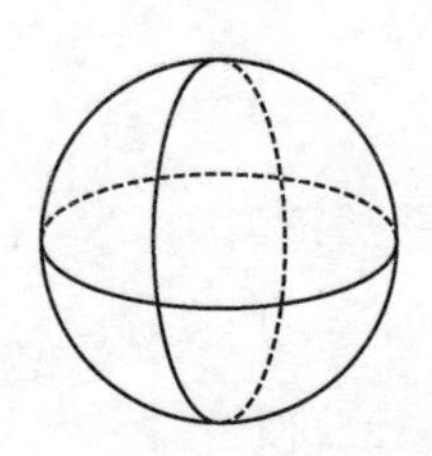

图 **7.5**

一点，就得到任何两条“直线”只有一个交点。这种黎曼几何学叫作单式椭圆几何学，或者简称为椭圆几何学。

因为罗氏几何学和黎曼几何学都与欧氏几何学不同，所以它们都称为非欧几何学。这三种几何学的根本区别在于平行公理。最明显的不同之一是：

在欧氏几何中三角形三内角之和等于 180°，在罗氏几何中三角形三角之和小于 180°，而在黎曼几何中三角形三角之和大于 180°。

现在，我们用变换群的观点来刻画上述这两种非欧几何学。

在射影平面上取定一条实的常态二阶曲线，所有使这条曲线保持不变的射影变换的集合，对于变换的乘法组成一个群。它是射影变换群的一个子群，叫双曲度量群。研究图形在双曲度量群下的不变性和不变量，构成一门几何学叫双曲几何学，即罗氏几何学。原来罗氏几何学也是射影几何学的一个子几何学。

同样，如果我们在射影平面上取定一条虚的常态二阶曲线，所有使这条虚曲线保持不变的射影变换的集合，对于变换的乘法组成一个群。它也是射影变换群的一个子群，叫椭圆度量群。研究图形在椭圆度量群下的不变性和不变量，也构成一门几何学，叫椭圆几何学，即黎曼几何学。原来黎曼几何学也是射影几何学的一个子几何学。

欧氏几何学和非欧几何学(罗氏几何学和黎曼几何学)表面上看来它们是互相矛盾和互相排斥的，但它们都是现实世界的一种近似的描述，各有自己的适用范围，都是具有相对性的真理。在小范围内是欧氏几何的天下，在天文学的大尺度上的重质量的恒星周围的空间与时间中出现了罗氏几何所描写的特征，而黎曼几何则是爱因斯坦广义相对论中必需的数学工具。按照克莱因用变换群刻画几何学的观点，这三种几何学只不过是射影几何学的三个不同的子几何学罢了。于是这三种几何学又在射影几何学中得到统一。

3. “橡皮膜上的几何学”——拓扑学点滴

(1)从等距变换到“橡皮变形”

我们知道，等距变换保持平面上任意两点间的距离不变，因此变换后的图形与原图形形状大小全等。若我们将变换的条件放宽，不要求等距，只要求保持共线三点的简比不变，于是得到仿射变换。图形经过仿射变换后有一定程度的失真，形状和大小一般要发生变化，正三角形可以变成一般三角形，正方形可以变成一般平行四边形，圆可以变成椭圆，但平行直线还变成平行直线，且平行线段的比保持不变。若将变换的条件再放宽，只要求共线四点的交比不变，于是得到射影变换，图形经过射影变换后失真程度更大。平行可以变成相交，相交也可以变成平行，圆可以变成椭圆、双曲线和抛物线，但直线还变成直线，圆锥曲线还变成圆锥曲线。若将变换的条件再大大地放宽，允许对图形施以拉伸、收缩、弯曲等任意变形，只要求不把原来不同的点融合成一点，也不产生新的点，并且把原来互相紧挨在一起的(即“邻近的”)点还变成“邻近的”点，原来不是“邻近的”点还变成不是“邻近的”点(即“邻近的”点只由“邻近的”点变成)。我们把这种变换称为拓扑变换，经过拓扑变换所得的图形和原图形称为是同胚的(或拓扑等价的)。把邻近的点还变成邻近的点的变换，在数学上称为是连续的。因此，用数学的术语来描述，拓扑变换就是连续的一一变换，并且它的逆变换也是连续的。等距变换、仿射变换和射影变换都是它的特例。研究图形在拓扑变换下不变的性质，也就是同胚的图形所共有的性质(称为图形的拓扑性质)，所构成的一门数学分支叫拓扑学。由于拓扑变换的集合，对于变换的乘法也组成群，因此按克莱因用变换群刻画几何学的观点，拓扑学也是属于几何学的一种。

在拓扑学变换下，图形的形状大小一般都要改变，因此在拓扑学中不研究图形的形状和大小，没有长度、角度、面积、面积比、简比、交比等概念，只关心点之间的"邻近"关系，即位置关系，所以早在拓扑学正式形成一门独立的学科以前，德国大数学家莱布尼茨(Leibniz，1646—1716)在1676年就把它称作"位置分析"或"位置几何学"。

如果我们把图形画在一个极富弹性的橡皮薄膜上，将橡皮薄膜任意拉伸、压缩、弯曲、扭转，只要不撕破，也不使它粘连，甚至还允许先将橡皮膜沿着其上一条曲线剪开，进行上述变形后，再沿原来剪开的地方，把原先剪开的点再重新合在一起。橡皮膜上的图形经过这样的变形后得到的图形与原来的图形同胚。于是人们给拓扑学起了一个形象的外号，叫橡皮膜上的几何学，或橡皮几何学，而把拓扑变换戏称为橡皮变形。

由于图形在拓扑变换下，形状和大小可能极大地失真，甚至直线会变成曲线，简直"曲直不分""面目全非"了。那么，图形还有哪些性质在拓扑变换下保持不变呢？我们如何来判断两个图形是同胚的或者是不同胚的呢？

(2)同胚的例子

例1 设 S 是以 O 为圆心的半圆周，去掉它的两个端点 P，Q，l 是与半圆周相切且平行于直径 PQ 的直线(如图7.6(a))。以

O为投影中心作中心投影，把半圆周 S 上的点映射成直线 l 上的点，这个从 S 到 l 的中心投影就是一个拓扑映射。于是直线同胚于没有端点的半圆周(称为开半圆周)。另一方面，半圆周又可拉直成为线段，因而直线与任意一个去掉端点的线段(称为开线段)同胚。“同胚于”用记号≌表示，于是有开半圆周≌直线，开线段≌直线。

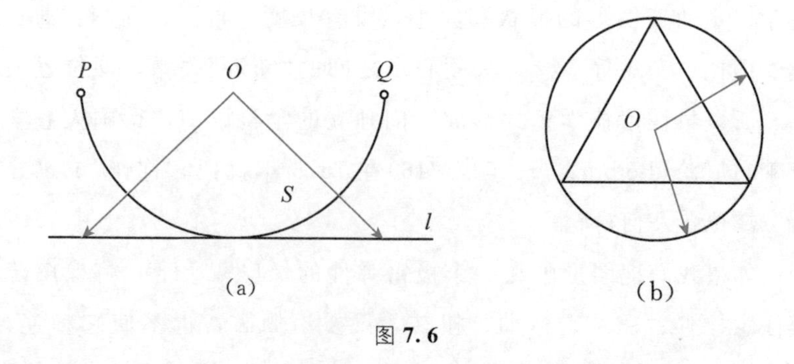

图 **7.6**

例 2　三角形和它的外接圆同胚。如图 7.6(b)所示的中心投影，就是所要求的拓扑映射。如果我们把三角形看成是橡皮筋做成的，那么它可以变成圆圈，也可以变成正方形圈，变成中空的十字形，变成任意形状的封闭曲线，甚至也可以先剪开，变形后再接上，做成一个空间的扭结，所有这些图形，它们都是同胚的，如图 7.7。

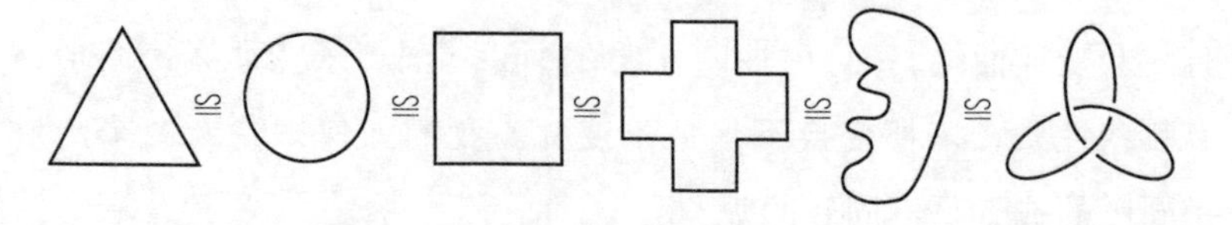

图 **7.7**

例 3　图 7.8 中的图形，都同胚于球面。

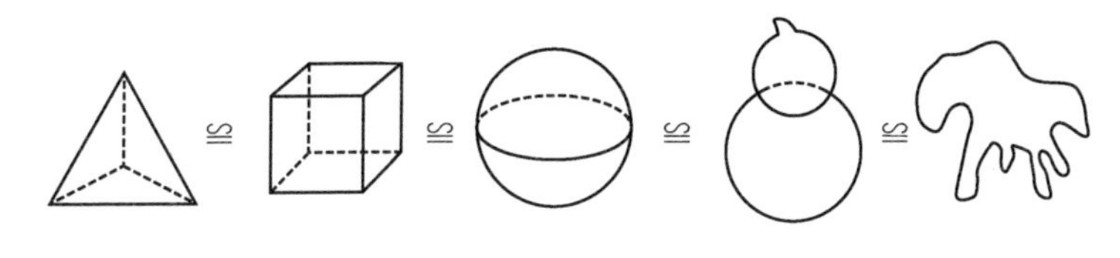

图 **7.8**

小时候看到过街头艺人，将一块融化的糖放进不同的模子里，吹出各种各样可爱的小动物和小糖人儿，它们都是同胚的，同胚于球面。

如上判断两个图形同胚的方法是，找出可以把一个图形变成另一个图形的拓扑变换，例如例 1 和例 2 中的中心投影，或者直观地说明它们能通过橡皮变形，由一个变成另一个。

(3)几个最简单的拓扑不变量

如何判断两个图形是不同胚的。当我们没有找到可以把一个图形变成另一个图形的拓扑变换时，能断言这两个图形是不同胚的吗？没有找到并不等于不存在，我们没有找到，也许别人能够找到，现在没有找到，也许以后能够找到！因此我们需要另想办法来证明它们是不同胚的。

前面我们说过，图形在拓扑变换下保持不变的性质，叫作图形的拓扑性质，它是同胚的图形所共有的。因此，对于两个同胚的图形来说，某个拓扑性质要么同时具有，要么同时不具有。于是，若有某个拓扑性质，一个图形具有，而另一个图形不具有，则这两个图形一定不同胚。

我们用某种法则，使得一个图形与某个确定的数量相联系，而且与同胚的图形联系的数相等，即这个数在拓扑变换下保持不变，我们就称它为图形的一个**拓扑不变量**。

这样，我们就得到判定两个图形不同胚的一个准则：若图形 A 与 B 的某个拓扑不变量不相等，则 A 与 B 必不同胚。

下面介绍几个最简单的拓扑不变量。

①连通性和连通支的个数。

直观上粗略地说，连在一起的图形是连通的，如果图形由几个不相连接的部分组成，则图形是不连通的。组成图形的互不连接的部分的个数，称为连通支的个数。连通支的个数是 1 时，图形是连通的。连通性是图形的拓扑性质，连通支的个数是图形的一个拓扑不变量。例如由数字 6 和 10 表示的两个图形(如图 7.9 (a)及(b))是不同胚的，因为前者的连通支个数为 1，而后者连通支的个数为 2。

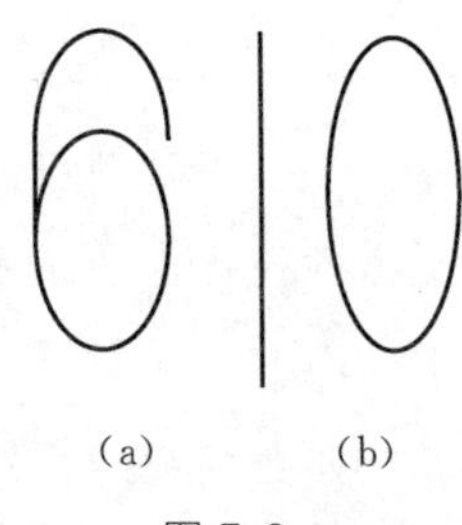

图 **7.9**

②割点的个数。

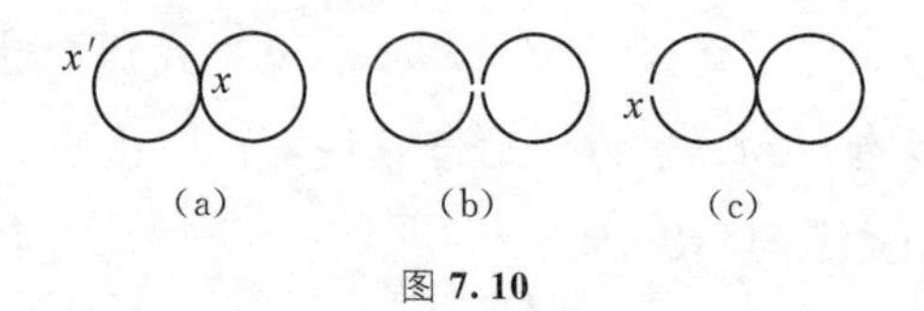

图 **7.10**

一个连通图形(例如图 7.10(a)的 8 字形)上的这样一点 x，去掉该点后，余下的图形就不连通了(例如图 7.10(b))，具有这种性质的点，称为图形的割点。8 字形上与点 x 不同的其他任何点 x' 都不是割点，因为去掉点 x' 之后，留下的图形仍然连通(如图 7.10 (c))。

割点和非割点是一个拓扑性质，也就是说在拓扑变换下，割点仍变成割点，非割点仍变成非割点。所以一个图形上割点的个数和非割点的个数都是拓扑不变量。

例如，图 7.11 的各个图形的割点数为

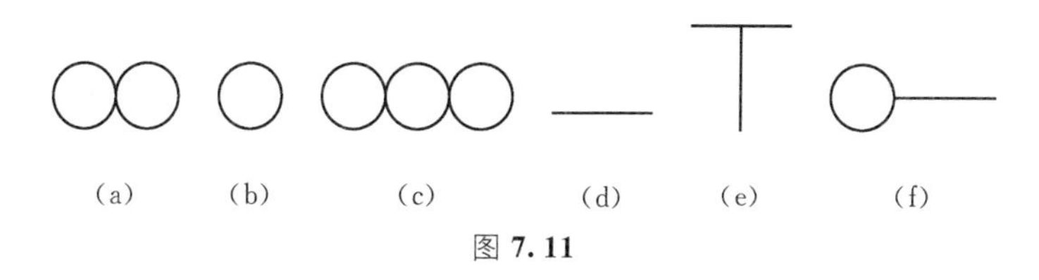

图 **7.11**

(a)一个割点，(b)没有割点，(c)两个割点，(d)除线段的两个端点是非割点之外，其余的点都是割点，(e)三个端点是非割点，其余的点都是割点，(f)有无穷多个割点和无穷多个非割点。这 5 个图形中任何两个图形都不同胚。因为它们或者割点数不同，或者非割点数不同。

③点的指数。

若一个图形是由有限条弧组成的，x 是这个图形的点，从点 x 引出的该图形的弧的条数，叫作点 x 在该图形中的指数。为了明确起见，我们规定：从一条弧的端点引出的弧的条数为 1，从一条弧的内点引出的弧的条数为 2，…。例如图 7.12(a)的王字形中，

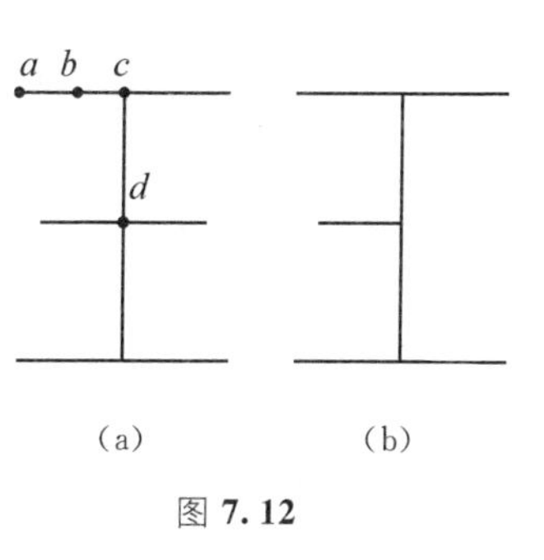

图 **7.12**

点 a 的指数为 1，点 b 的指数为 2，点 c 的指数为 3，点 d 的指数为 4。包含在图形中的指数为 1 的点的个数，指数为 2 的点的个数，指数为 3 的点的个数……全都是该图形的拓扑不变量。因此，根据两个图形中具有相同指数的点的个数不同，就可判定这两个图形是不同胚的。例如图 7.12 中的图形(b)与图形(a)即王字形就是不同胚的，因为王字形有一个指数为 4 的点，而图形(b)中却

没有。

小结 证明两个图形同胚，需找出拓扑变换，或者说明借助于“橡皮变形”能将一个变成另一个。而证明两个图形不同胚，只需指出这两个图形有某个拓扑不变量不同，即可断言它们不同胚。

思考题 根据两个图形有某个拓扑不变量相同，能断言它们的同胚的吗？

作一个有趣的练习，将 26 个英文字母所表示的图形（如图 7.13），按同胚进行分类：同胚的图形归在同一类，不同的图形归在不同类。

ABCDEFGHI
JKLMNOPQR
STUVWXYZ

图 **7.13**

(4)几个古老的拓扑学问题

拓扑学形成数学上的一个独立分支，是在 19 世纪末和 20 世纪初，但在这很早以前，就已经有若干个别的属于拓扑学的著名问题了。

①简单多面体的欧拉公式。

由若干个平面多边形围成的封闭的立体叫多面体，这些平面多边形叫多面体的面，这些多边形的边和顶点，分别叫多面体的棱和顶点。若一个多面体位于它的每个面所在平面的同侧，则叫凸多面体。若一个多面体的表面，能经过橡皮变形变成一个球面，即与球面同胚，就叫作简单多面体。

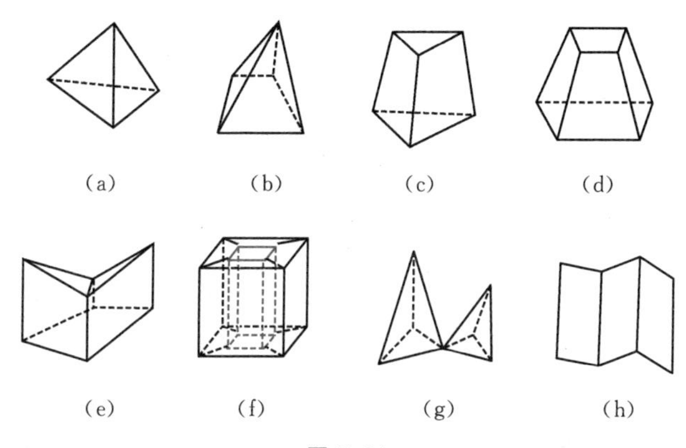

图 7.14

图 7.14(a)(b)(c)(d)是凸多面体，(e)(f)(g)是多面体，但不是凸的，(a)(b)(c)(d)(e)是简单多面体，(f)(g)不是简单多面体，(h)不是多面体。

早在 1639 年法国数学家笛卡儿(Descartes，1596—1650，解析几何的创始人)就发现了所有凸多面体的顶点数 V，棱数 E 和面数 F 满足关系式

$$V-E+F=2。$$

不过这个结果没有流传开来。1750 年瑞士数学大师欧拉(Euler，1707—1783)重新独立地发现了这个公式。人们称它为凸多面体的欧拉公式。其实它不仅对凸多面体成立，而且对所有的简单多面体都是成立的。

不管简单多面体的形状大小如何，也不论它的顶、棱、面的个数各是多少，甚至不管它的多边形面是平面的还是曲面的，多边形的边是直边还是曲边，上述关系式总成立。这是一个属于拓扑学的问题。拓扑学建立以后，法国数学家庞加莱(Poincaré，

1854—1912，组合拓扑学的创始人)把上述欧拉公式推广，得到著名的欧拉-庞加莱数，成了拓扑学的中心定理之一。

作为欧拉公式的一个简单的应用，试判断是否存在顶点数，棱数与面数之和为2017的多面体？

②哥尼斯堡七桥问题。

流经普鲁士的哥尼斯堡(今之加里宁格勒)的普雷格尔河的河湾处有一座岛屿，河上共有七座桥(如图7.15)。18世纪该镇居民热衷于一个难题：能否设计出一条散步的路线，走遍七座桥，且每桥只走一次。这就是著名的哥尼斯堡七桥问题。

这个问题传到数学大师欧拉那里。因为这个问题不涉及长短、大小、曲直，只涉及位置关系，欧拉当时即断定该问题正属于莱布尼茨所说的“位置几何学”(即拓扑学)研究的内容。

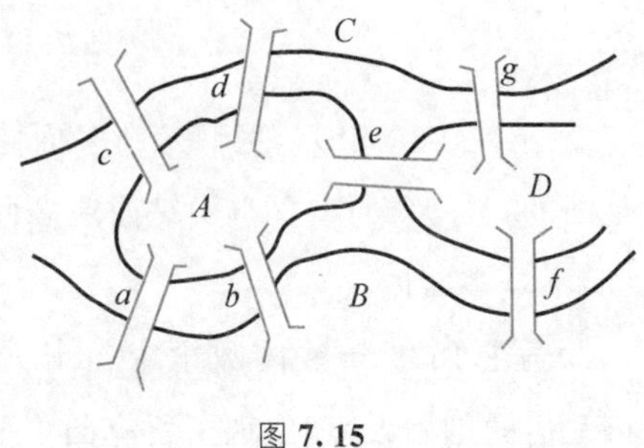

图 7.15

欧拉不仅解决了上述七桥问题，而且对一般的河桥问题进行了研究，并彻底解决了它。这类问题现在称为一笔画问题*。欧拉得到一个图形能一笔画的充分且必要的条件是：它没有奇顶点，或者只有两个奇顶点(从一个顶点引出的弧的条数是奇数时，称为奇顶点，是偶数时称为偶顶点)。

---

* 一笔画问题是：什么样的图形可以一笔画成，笔不离纸，而且每条线都只画一次，不准重复？

欧拉把图 7.15 抽象成图 7.16。七桥问题用现代的说法就是图 7.16 能否一笔画的问题。因为图 7.16 中 A，B，C，D 皆为奇顶点，即奇顶点的个数为 4，所以不能一笔画。即一次散步将所有七座桥都各走一次的路线是没有的。

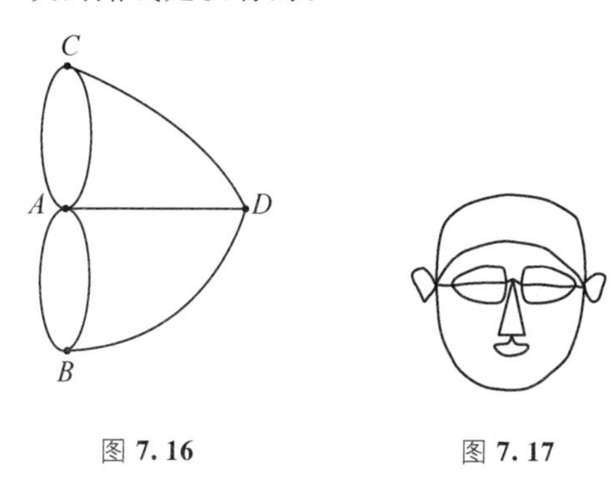

图 **7.16**　　图 **7.17**

如图 7.17 所示的头像能一笔画成吗?

③四色问题。

将地图着色时，相邻的国家要用不同的颜色。若只用三种颜色，对于有的地图，例如出现四个国家中每两个国家都相邻的情形(如图 7.18)，肯定是不行的。早已有人证明，对于任何地图，用五种颜色就足够了，称为五色定理。

印制地图的工人，实际只用四种不同的颜色，就可使相邻的国家颜色不同。于是 19 世纪中叶有人猜想：只用四种不同的颜色，就足以给任何一张地图着色。从那以后的一百多年间，始终没有人能够给出证明，这就是著名“四色问题”或“四色猜想”。这个问题显然与图形的形状大小无关，只涉及相互间的位置关系。直到 1976 年，美国数学家阿佩

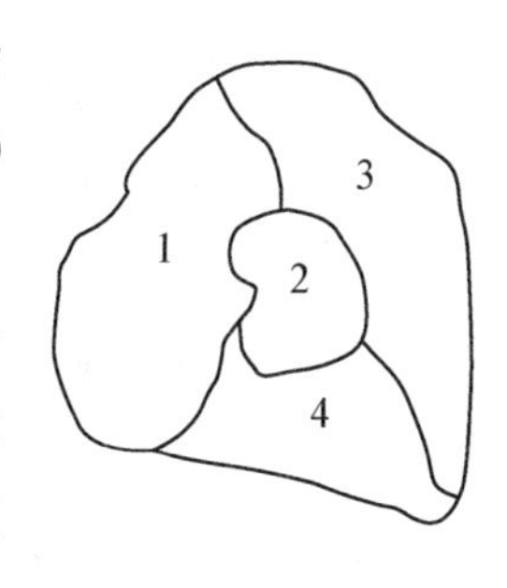

图 **7.18**

尔(Appel)和哈肯(Haken)与运用计算机的专家考克(Kock)三人合作，借助超大型的计算机，经过成百上千小时的计算，终于证明了“四色猜想”成立。这个成就一方面表明，以计算机为基础的人工智能，对于数学的发展有着不可估量的意义，同时另一方面也表明，找出关于“四色猜想”的一个足够优美和简明，且不依赖于计算机的证明，仍然是等待数学家们去攻克的一道难题①。

习题 7

1. 英文字母 P 和 Q 所表示的图形(见图 7.19(a)(b)(c)各组中的两个图形)同胚吗？请回答并说明理由。

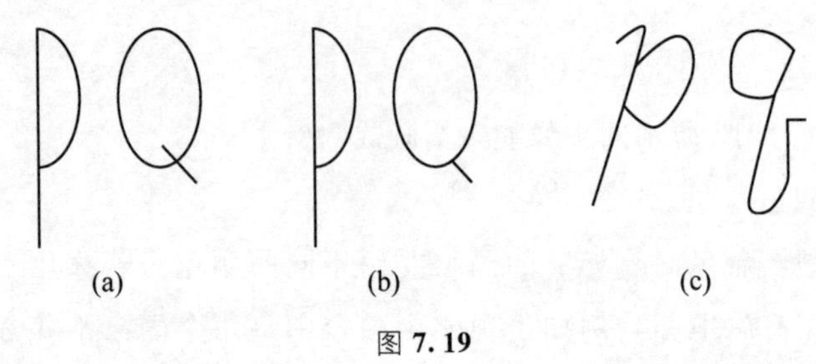

图 **7.19**

2. 能不能用 5 个三角形围成一个有 5 个面的凸的(或凹的)多面体？若能，画出来；若不能，请说明理由。

3. 顶点数，棱数和面数之和是 2015 的凸多面体存在不存在？请回答并说明理由。

4. 图 7.20(a)(b)(c)能不能一笔画成？其中图形(c)是由一个圆内接五角星及五角星的每一个小三角形的外接圆及五边形的外

---

① 对拓扑学内容有兴趣，想从直观上再多了解一些的读者，可以参看作者的《直观拓扑》一书，北京师范大学出版社 1995 年版，或者参看作者的《橡皮几何学漫谈》，北京师范大学出版社 2017 年出版。

接圆组成。

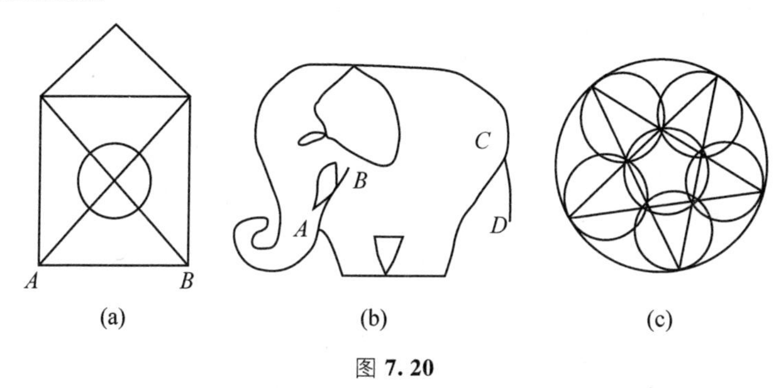

(a) (b) (c)

图 7.20

习题解答

习题 1

1. 分析 将求作重新叙述如下：

求作线段 PQ，使

①P 在 S_1 上；

②Q 在 S_2 上；

③$PQ /\!/ l$；

④$|PQ|=a$。

要 PQ 同时满足上述 4 个条件比较困难。我们不妨先放弃一个条件。例如先放弃条件②，即暂时先不要求 Q 在 S_2 上，则这样的线段 PQ 可作，而且可以作无数条，它们的端点 Q 组成一个圆 S'_1（如第 1 题图）。S'_1 是由圆 S_1 上每一点沿着 l 的方向平移距离 a 所得到的点组成的。因此，S'_1 可以看成是由圆 S_1 沿着 l 的方向平移

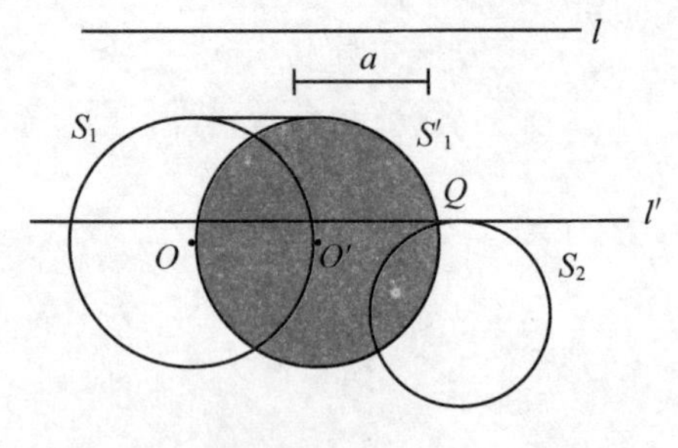

第 **1** 题图

距离a 所得到的(将圆 S_1的圆心 O 沿着 l 的方向平移距离 a 得到点 O'，以 O'为圆心，以 S_1的半径为半径的圆即为圆 S'_1)。

现在再把条件②加上，即要求点 Q 在 S_2上。圆 S'_1 与圆 S_2的交点即为所求点 Q。过点 Q 作平行于 l 的直线即为所求作的直线 l'。

本题的做法是将圆 S_1平行于 l 的方向平移距离a 得 S'_1(最多可得两个 S'_1)，S'_1 与 S_2有几个交点，本题就有几解(依两已知圆的大小和位置及定值 a 的大小不同，共有无解、一解、二解、三解、四解及无穷多解 6 种情况，具体设想出分别有三解和四解的情形，是很有意思的)。

注　本题的解法从解题方法论上分析属于“先放弃一个条件考虑”的方法，——先适当放弃一个条件，可得很多解，再在其中找出符合所放弃的条件的那一个解，这是解作图题常用的一种方法。

2. 分析　要证 $AC+BD>1$，需将 AC，BD 和长度为 1 的线段集中到一个三角形中。如何搬动线段 AC 呢？可以试一试平移。通过构造平行四边形，可以平移线段。

证　如第 2 题图，过 B 作 $BE/\!/AC$，且使 $BE=AC$，连接 CE，DE。于是得四边形 $ABEC$ 为平行四边形，$AB=CE=CD$。又由 $AB/\!/CE$ 得$\angle DCE=\angle DOB=60°$，所以$\triangle CED$ 为等边三角形，$DE=CD=1$。在$\triangle BDE$ 中，$BE+BD>DE$，所以

$$AC+BD>1。$$

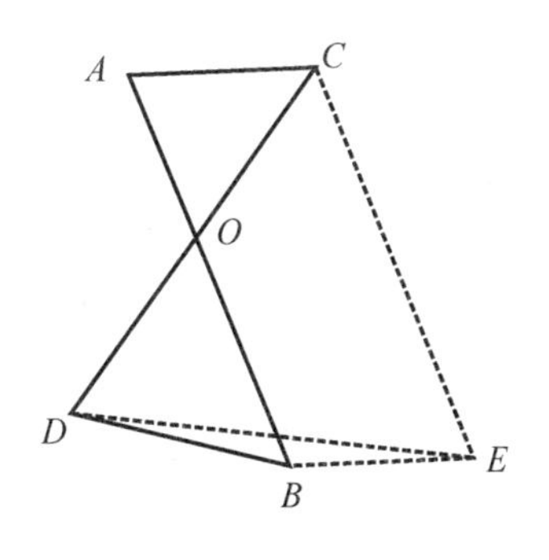

第 **2** 题图

3. 分析　要证 $EF\geqslant 1$，可证 EF+长度为 EF 的另一线段$\geqslant$长

度为 2 的线段 BC。为此需要将这三个线段集中到一个三角形中，试试平移。

证 如第 3 题图，过 E 作 $EG /\!/ BC$，且 $EG=BC$，连接 GF，GC，得四边形 $EBCG$ 为平行四边形，于是 $EB=GC$，$EB /\!/ GC$，即 $AB /\!/ GC$，得 $\angle EAF=\angle FCG$。又由 $AB=AC$ 及 $AE=CF$ 得 $BE=AF=GC$，所以 $\triangle EAF \cong \triangle FCG$(SAS)，所以 $EF=FG$。在 $\triangle EGF$ 中 $EF+FG>EG$，即 $2EF>BC=2$，所以 $EF>1$。当 F 为 AC 的中点时，$EF=1$。

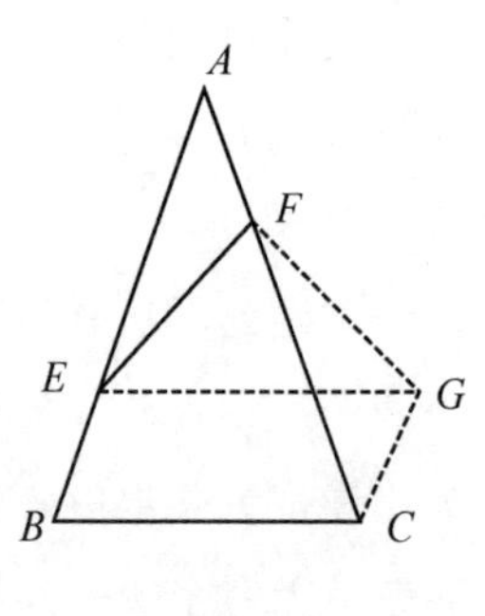

第 **3** 题图

4. 分析 已知多条线段相等，但最终要求某个角度，需把等线段的条件转化为角之间的关系，可通过平移，形成平行线，找角的关系。

解 如第 4 题图，过 D 作 $DF /\!/ BC$，且 $DF=BC$，连接 EF，CF，得四边形 $BDFC$ 为平行四边形，于是 $BD=CF$。由 $AB=AC$ 及 $AD=CE$，得 $DB=EA$，所以 $EA=CF$。由 $AD /\!/ CF$ 得 $\angle EAD=\angle ECF$，又 $DA=EC$，所以 $\triangle DAE \cong \triangle ECF$(SAS)，所以 $DE=EF=DF$，即 $\triangle EDF$ 为等边三角形，所以 $\angle DEF=60^\circ$。

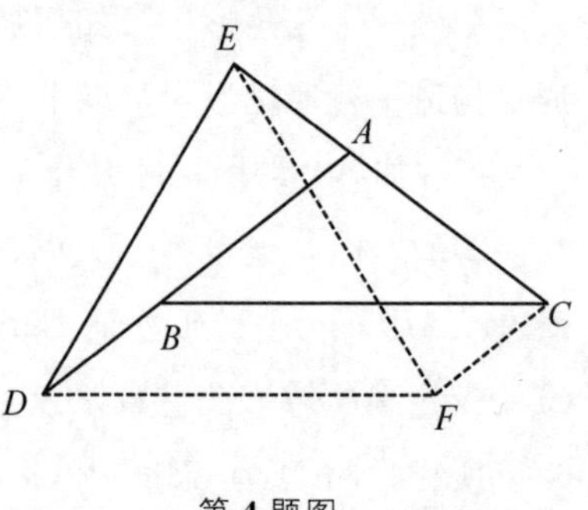

第 **4** 题图

设 $\angle EAD=x$，则 $\angle DEA=x$，$\angle EDA=\angle FEC=\angle DEA-$

$\angle DEF=x-60°$。对于$\triangle EDA$有$\angle EAD+\angle DEA+\angle EDA=180°$，即$x+x+x-60°=180°$，$3x=240°$，$x=80°$，即$\angle EAD=80°$，于是$\angle BAC=100°$。

5. 分析 根据题设中的平行条件，通过平移，构造出三边长为$BC-EF=ED-AB=AF-CD(>0)$的等边三角形，从而寻求要证的结果。

证 如第5题图，过A，C，E作$AM/\!/BC$，$CP/\!/DE$，$EN/\!/AF$，分别相交于N，M，P。于是四边形$ABCM$，$CDEP$，$ANEF$均为平行四边形。

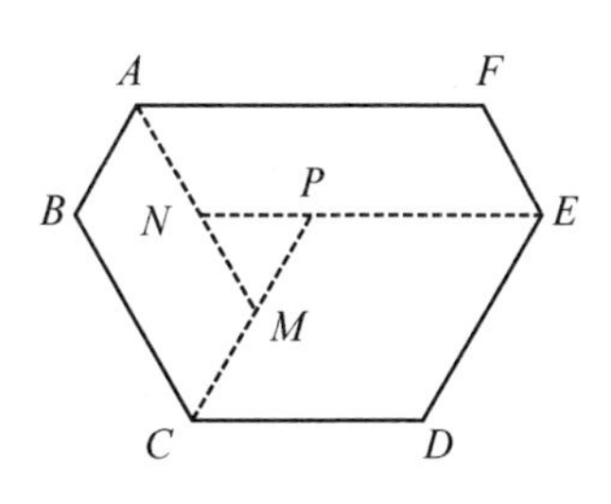

第5题图

由$BC-EF=ED-AB=AF-CD$得$\triangle NMP$为等边三角形，于是有$\angle B=\angle AMC=120°$，$\angle D=\angle CPE=120°$，$\angle F=\angle ANE=120°$。

同理，过B，D，F作平行线，可求得$\angle A=\angle C=\angle F=120°$。所以$\angle A=\angle B=\angle C=\angle D=\angle E=\angle F=120°$。

习题 2

1. 分析及解 要求三条动线段之和的最小值，若这三条线段组成一折线，且该折线的两端点为两定点，于是两定点之间的直线段之长即为该折线长的最小值。但现在欲求最小值 $PA+PB+PC$，不是一条折线，怎么办呢？可设法“搬动”其中两条线段，使三条线段组成一折线，且该折线的两端点为两定点，于是可得两定点之间的直线段之长即为该折线长的最小值。可以通过旋转来搬动线段。

将线段 BP 绕其端点 B 逆时针方向旋转 60°，到达 BP' 的位置。如第 1 题图(a)，于是△BPP' 为等边三角形，$PP'=PB$。同时在这个旋转下，△BPA 变成△$BP'A'$，$P'A'=PA$。这样就将三线段的和 $PA+PB+PC$ 变成折线长 $A'P'+P'P+PC$，而且 A' 和 C 是两定点，于是得

$$PA+PB+PC=A'P'+P'P+PC\geqslant A'C。$$

此处，点 A' 是顶点 A 绕顶点 B(向正方形外)旋转 60°所得。所求 $PA+PB+PC$ 之最小值即为线段 $A'C$ 之长。

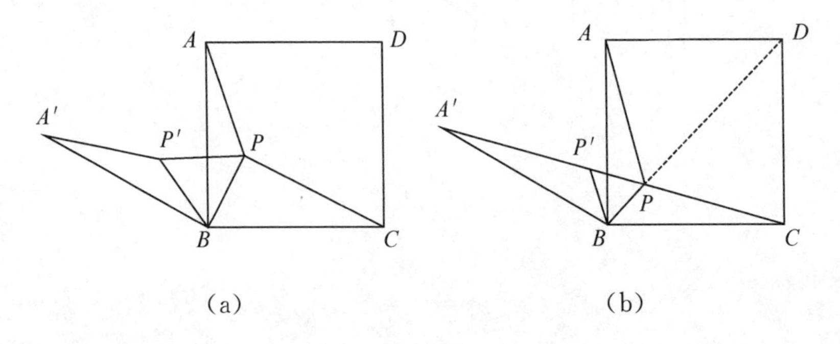

第 1 题图

由$\angle CBA'=90°+60°=150°$，$A'B=BC=1$，应用余弦定理得

$$(A'C)^2=2+\sqrt{3}，A'C=\frac{\sqrt{2}}{2}(1+\sqrt{3})。$$

当点P和P'都在线段$A'C$上时，如第1题图(b)，$A'P'+P'P+PC=A'C$，此时$\angle BPC=120°$，又由$\angle CBA'=150°$得$\angle A'CB=15°$，所以$\angle PBC=45°$，即当点P位于$\angle ABC$的平分线与$A'C$的交点处时，$PA+PB+PC$取得最小值$A'C$。

2. 分析与解、证 由于直线AM与BK的交点不在正六边形的中心，因此直接计算$\triangle ABL$和四边形$MDKL$的面积很困难，直线AM与BK之间的夹角也非一眼就能看出。注意到正六边形若绕其中心旋转60°，仍得该正六边形，只是顶点依次改变，边也依次改变，并能产生一些全等图形，有利于问题的解决。

设点O为正六边形$ABCDEF$的中心，如第2题图，将该正六边形绕点O逆时针方向旋转60°，则顶点E变成顶点D，顶点D变成顶点C，边ED变成边DC，于是边ED的中点K变成边DC的中点M，又顶点C变成顶点B，顶点B变成顶点A，于是线段KB变成线段MA，所以直线AM与BK之间的夹角等于旋转角60°。

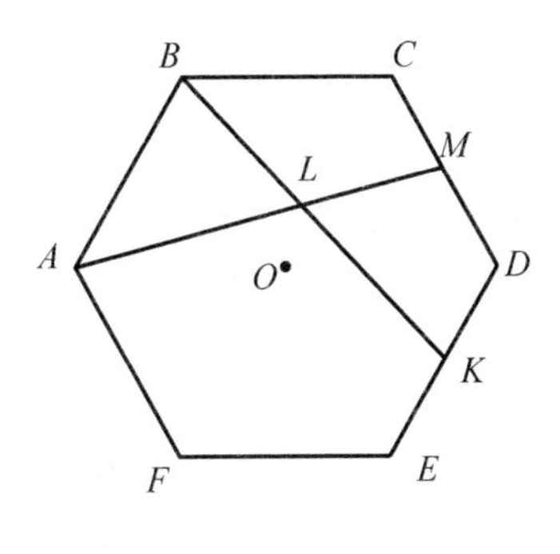

第**2**题图

在上述旋转变换下，四边形$KDCB$变成四边形$MCBA$，所以四边形$KDCB$与四边形$MCBA$面积相等。从这两个等面积的四边形的面积中，都减去共有的四边形$BLMC$的面积，即得$\triangle ABL$的面积等于四边形$MDKL$的面积。

注 这个极巧妙的解法——旋转是如何想到的呢？正多边形为旋转提供了极好的条件。正六边形若绕其中心旋转60°，仍得该正六边形，只是顶点依次改变，边也依次改变，并能产生一些全等图形，有利于问题的解决。仿照本题，可以对正方形、正五边形、正七边形……构造出类似的问题，解法也完全类似。

3. 如第3题图，以B为旋转中心，将$\triangle CPB$顺时针方向旋转90°，则CB转到AB，BP转到BP'，$\angle PBP'=90°$。连PP'，得$\triangle PBP'$是等腰直角三角形。

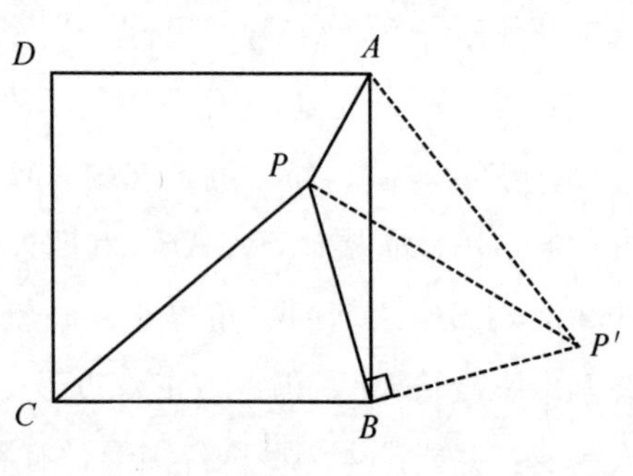

第3题图

设$PA=x$，$PB=2x$，$PC=3x$，则$AP'=CP=3x$，$BP'=BP=2x$。

在$\triangle PBP'$中，$\angle BPP'=45°$，$PP'=\sqrt{BP^2+BP'^2}=2\sqrt{2}x$。

在$\triangle APP'$中，$AP^2+PP'^2=x^2+8x^2=9x^2=AP'^2$，

所以$\angle APP'=90°$，$\angle APB=\angle APP'+\angle P'PB=90°+45°=135°$。

4. 分析 由于$\angle BAC$与$\angle EAD$分布在$\triangle CAD$的左、右两侧，因此可通过旋转将两角集中在$\triangle CAD$的同侧，题设条件便可充分发挥作用。

解 如第4题图，将$\triangle ABC$绕点A逆时针方向旋转$\angle BAE$的度数，到$\triangle AEF$的位置，连接DF。于是$AC=AF$，$BC=EF$，$\angle BAC=\angle EAF$，

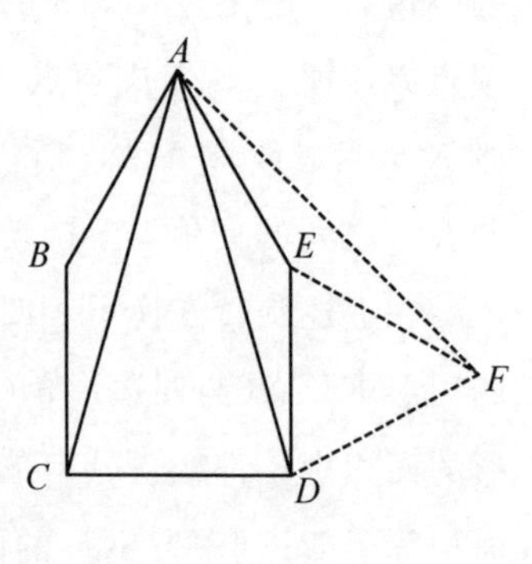

第4题图

$\angle CAD = \angle BAC + \angle EAD = \angle EAF + \angle EAD = \angle FAD$。所以 $\triangle CAD \cong \triangle FAD$（SAS），于是 $CD = FD$，$FD = DE = EF$，即 $\triangle DEF$ 为等边三角形，所以 $\angle DEF = 60°$。

由 $AE = DE = EF$，可得 E 为 $\triangle ADF$ 的外心。由圆周角与圆心角的关系可得 $\angle DAF = \frac{1}{2}\angle DEF = 30°$。于是

$$\angle BAE = 2\angle CAD = 2\angle DAF = 60°。$$

5. 作法 1 如第 5 题图(a)，过 A 作 l 的垂线交 l 于点 M，在其上截取 $AN = AM$，过 N 作 l 的平行线 l'，若 l' 交圆 S 于点 P，连 PA 延长交 l 于点 Q，则直线 PQ 即为所求。

作法 2 如第 5 题图(b)，作直线 l 关于点 A 的中心对称图形，得直线 l'，若 l' 与圆 S 交于点 P，连 PA 延长交 l 于点 Q，则直线 PQ 即为所求。

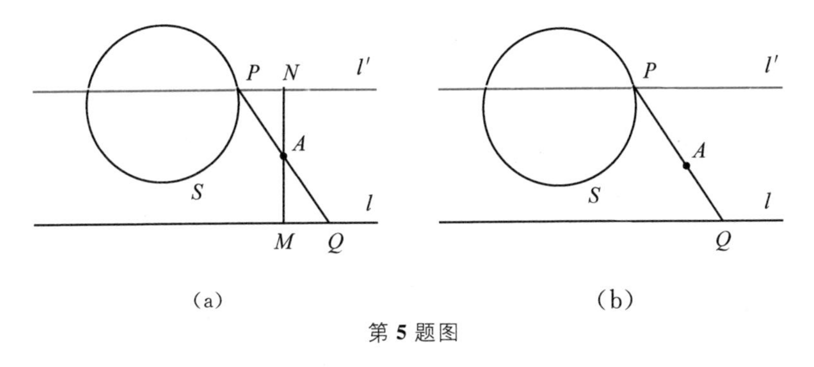

第 5 题图

讨论 直线 l' 与圆 S 有几个交点本题就有几个解。

证明 略。

注 作法 1 用的是全等三角形方法，作法 2 用的是中心对称图形方法，如果我们将题中的已知直线 l 也换成圆，或其他图形，那么作法 1 中的全等三角形方法很可能就不再适用，而作法 2 中的中心对称图形方法却仍适用。

习题 3

1. 分析与解 我们先解决一个易于解决的类似问题——两点 A 和 B' 位于直线 l 同侧时的情形，如第 1 题图。根据同弧所对圆周角相等可得：过已知三点 A，B'，P 的圆与直线 l 的另一个交点 Q，即满足 $\angle PAQ=\angle PB'Q$。因此，对原题，即点 A 和 B 位于直线 l 两侧的情形，只需先将点 B 对于直线 l 作轴反射变成 B'，于是原问题就转化成上述已解决的问题了。

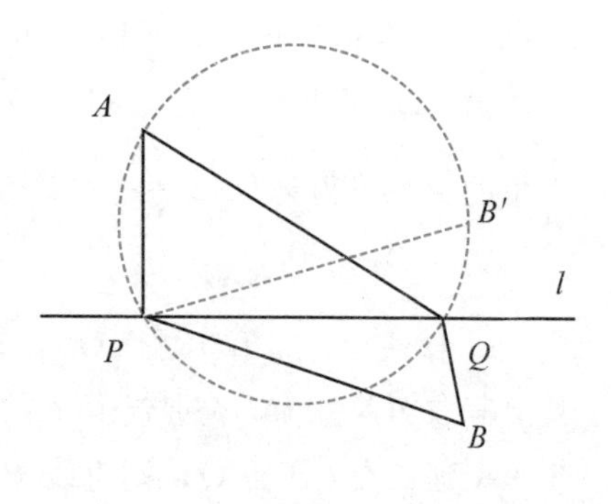

第 1 题图

2. 分析及证 只需设法将 BE，CF 和 EF 搬到同一个三角形中，本题即可得证。因为有角平分线，而角的两边关于角平分线是轴对称的，因此可以把角的一边轴反射到角的另一边上，我们用这种方法搬动线段 BE 和 CF。即分别做出 BE 关于 DE 的轴反射图形 GE，和 CF 关于 DF 的轴反射图形 GF（因为 D 是 BC 的中点，$DB=DC$，所以 B 和 C 轴反射到 DA 上得同一点 G，见第 2 题图），于是得到 $EG=BE$，$FG=CF$，且 EG，FG 与 EF 组成一个三角形，使问题获证。

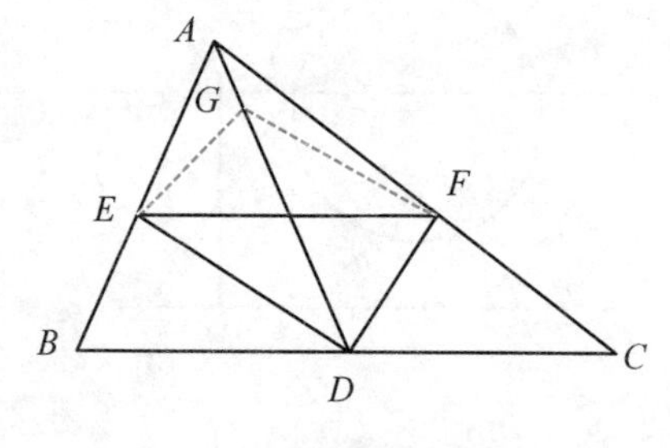

第 2 题图

3. 分析 从题设条件不能马上看出解题的思路。题设中给出的一些线段都偏重于等腰三角形 ABC 的一侧，使人感到图形不够稳当。注意到等腰三角形 ABC 具有轴对称性，因此想到把图形补成一个轴对称图形，这样可获得一些新的关系，以利于问题的解决。

解　如第 3 题图，以$\triangle ABC$底边 BC 上的高为对称轴，作点 D 的对称点 D'，连接 DD'，AD'，BD'。于是有 $AD'=AD=5\sqrt{2}$，$BD'=CD=6$，$\angle BAD'=\angle CAD$。由$\angle BAD$与$\angle CAD$互余，知$\angle BAD$与$\angle BAD'$互余，即$\angle D'AD=90°$。故 $DD'^2=2AD'^2=100$。又 $BD'^2+BD^2=6^2+8^2=100$，所以 $BD'^2+BD^2=DD'^2$，即$\angle D'BD=90°$。从而 A，D，B，D' 四点共圆。故$\angle ABD=\angle AD'D=45°$。

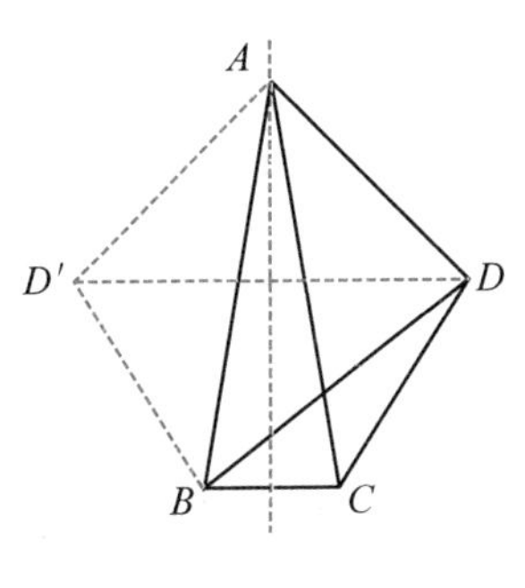

第 **3** 题图

评论　等腰三角形的两腰是对称的，然而本题题设所给图形偏于一侧，不对称了，为了美将其补成对称的，无形之中增添了诸多条件，结果使问题解决了，可见“追求美感”也是解题的思路之一。

4. 分析　由已知条件易得$\triangle ABC$是一个具有 $60°$，$30°$和 $90°$角的直角三角形，但三边的具体长度不知道。注意到已知 PA，PB 和 PC 的长度，因此若将$\triangle ABP$，$\triangle BCP$ 和$\triangle CAP$ 分别沿$\triangle ABC$的三边向外翻折，由于其中有相邻的两条边共线，即可得边长为已知的五边形。再设法求出该五边形的面积，其半即为所求$\triangle ABC$的面积。

解　如第 4 题图，将$\triangle ABP$，$\triangle BCP$ 和$\triangle CAP$ 分别沿$\triangle ABC$的三边向外翻折，可得$\triangle ABF$，$\triangle BCE$ 和$\triangle CAD$，连接 FE，FD。由条件易得$\angle ACB=90°$，$\angle ABC=30°$，于是 D，C，E 三点

共线，得边长为已知的五边形 $ADEBF$。得$\triangle EFB$是边长为5的等边三角形，其面积为$\frac{25\sqrt{3}}{4}$；$\triangle ADF$是顶角为$120°$、腰长为$\sqrt{3}$的等腰三角形，其面积为$\frac{3\sqrt{3}}{4}$，底边$DF=3$；又知$EF=5$及$DE=2PC=4$，得$\triangle DEF$为直角三角形，其面积为6。五边形$ADEBF$的面积是$\triangle EFB$，$\triangle ADF$和$\triangle DEF$的面积之和：$\frac{25\sqrt{3}}{4}+\frac{3\sqrt{3}}{4}+6=6+7\sqrt{3}$，其半即为所求$\triangle ABC$的面积：

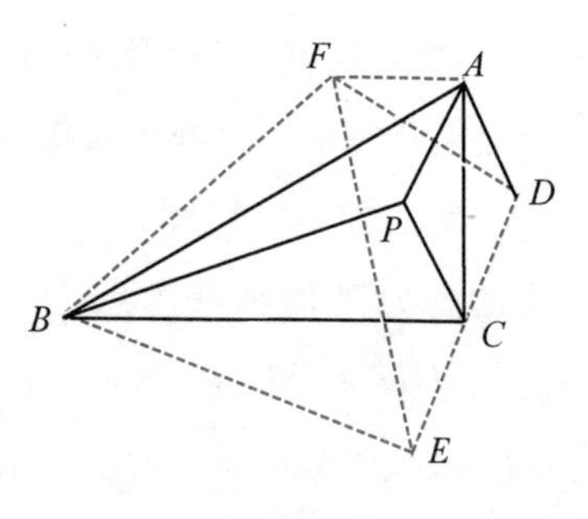

第4题图

$$\frac{1}{2}(6+7\sqrt{3})=3+\frac{7}{2}\sqrt{3}。$$

注　可以通过平移搬动线段，也可以通过旋转搬动线段，本题是通过轴反射搬动线段。把三角形内的三条已知长度的线段搬到三角形外，围成相关图形，再运用有关角度的条件，使问题获解。

5. 分析与证　要证$DB=EC$，需要构造两个全等三角形，使它们是一对对应边；或者把它们移到同一个三角形中，使它们为一个等腰三角形的两个腰。因为图中有等腰三角形OBC，故可以将其中线OF所在直线作为对称轴，如第5题图，将线段DB轴反射至GC，再证$\triangle CEG$为等腰三角形。

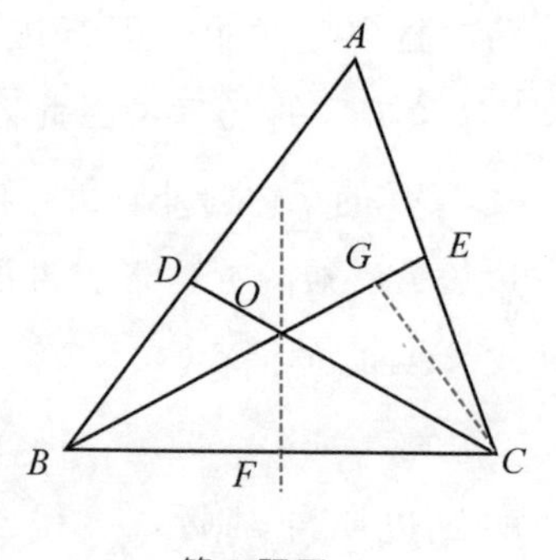

第5题图

$\angle CEG=\angle CEB=\angle A+\angle ABE$，$\angle CGE=\angle GCB+\angle GBC$

$=\angle GCO+\angle DCB+\angle EBC$

$=\angle GCO+2\angle DCB=\angle DBO+\angle A=\angle ABE+\angle A$，

所以$\angle CEG=\angle CGE$，$CG=CE$，所以 $DB=EC$。

（上述应用轴对称的证法是赵生初老师告诉我的。）

注　等腰三角形是轴对称图形，因此凡有等腰三角形的图形，原则上都可作关于其对称轴的轴对称图形，无形之中增添了诸多条件，有利于问题的解决。本题也是通过用轴反射搬动线段解题。

6. 分析与证　用轴对称的方法将内接$\triangle MPQ$的边展开成一折线。如第 6 题图，分别做出 M 点关于 BC，AC 的轴对称点 M_1 和 M_2，连接 MC，M_1P，M_1C，M_2Q，M_2C。由对称性及$\angle BCA=90°$，易得 M_1，C，M_2 在一条直线上，且 $PM_1=PM$，$QM_2=QM$，$CM_1=CM=CM_2$。由 $CM=\frac{1}{2}AB$ 得 $M_1M_2=CM_1+CM_2=2CM=AB$。再由 $M_1P+PQ+QM_2>M_1M_2$，即可得 $MP+PQ+QM>AB$，即$\triangle MPQ$的周长大于 AB。

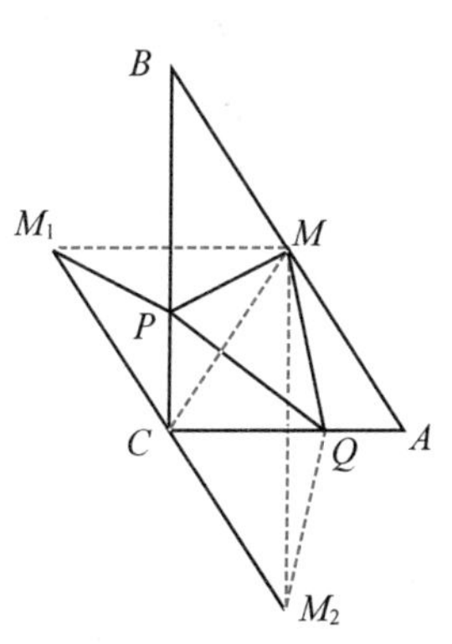

第 **6** 题图

7. 分析与证　要证 $CF=AB+AF$，有两种思路：第一种思路是作一条线段等于 AB 与 AF 之和，再证明它与 CF 相等；第二种思路是将 CF 分成两段，再证它们分别与 AB 及 AF 相等。下面采用第二种思路来证明。由题设$\angle DCB=45°$及 $BD\perp CD$ 可得$\triangle BDC$是等腰直角三角形，因此可用轴对称搬动有关线段。

如第 7 题图，作等腰三角形 BDC 底边 BC 上的中线 DG，与 CE 相交于点 H，连接 BH，则有 $BH=CH$。只需再证明 $AB=$

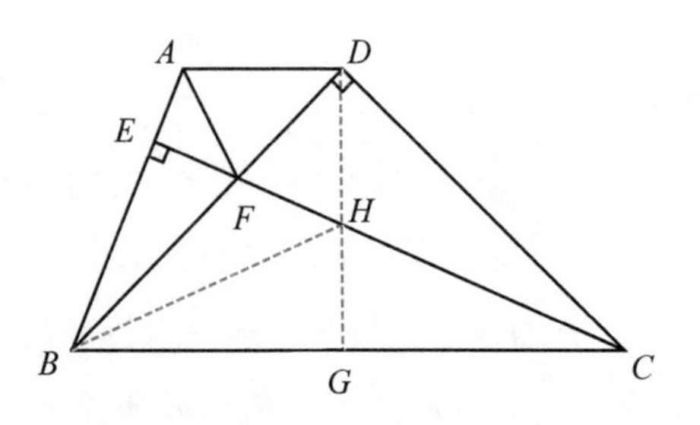

第 **7** 题图

BH，$AF=HF$，问题就得证了。

由$\angle HBG=\angle HCG$得$\angle DBH=\angle DCH$。在$\mathrm{Rt}\triangle DFC$及$\mathrm{Rt}\triangle EFB$中，$\angle DFC=\angle EFB$，所以$\angle EBF=\angle DCF$，即$\angle ABD=\angle DCE$，所以$\angle DBA=\angle DBH$。又$\angle ADB=\angle DBG=45°$，所以$\angle ADB=\angle HDB$。又$BD=BD$，所以$\triangle ABD\cong\triangle HBD$(ASA)，于是有$AB=HB=CH$。

由$AD=HD$及$AB=HB$可得AH被DB垂直平分。因为F在BD上，所以$AF=HF$。所以$CF=CH+HF=AB+AF$。

(上述应用轴对称的证法是赵生初老师告诉我的。)

8. 证明§3.2例4中两种方法的结果是相同的。

例 4 设P是锐角三角形ABC的边BC上的一个定点，分别在边AB和AC上各求一点M和N，使$\triangle PMN$周长最小。

方法1 如第8题图(a)，作点P关于AC的对称点P_1，点P关于AB的对称点P_2，连接P_1P_2，P_1P_2分别与AB和AC交于点M和N，点M和N即为所求点。

方法2 如第8题图(b)，作点P关于AC的对称点P_1，点P_1关于AB的对称点P_2'，连接$P_2'P$，与AB交于点M'，连接M'和P_1，与AC交于点N'，点M'和N'即为所求点。

求证点M和M'是AB上的同一点，点N和N'是AC上的同一点。

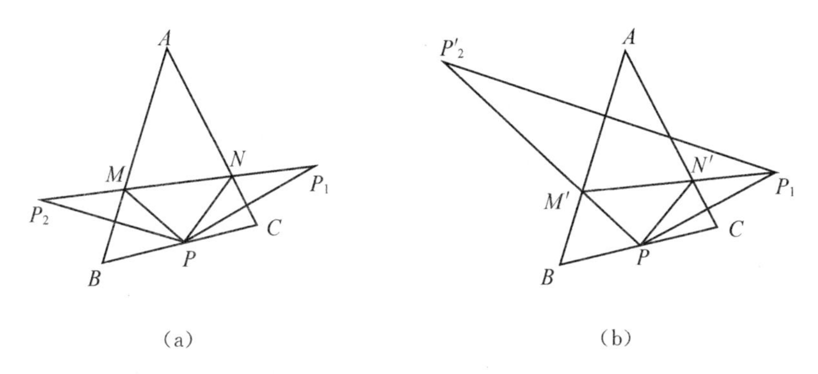

第 **8** 题图

证　我们先来看一个比较简单的、常见的问题(也称“将军饮马问题”):

已知直线 l 同侧两点 C，D，在直线 l 上求一点 E，使 $CE+DE$ 最小。

解法是大家熟知的：如第 8 题图(c)，作点 C 关于 l 的对称点 C'，连接 $C'D$，与 l 的交点即为所求点 E。若作点 D 关于 l 的对称点 D'，连接 $D'C$，与 l 的交点 E' 即为所求。点 E 和点 E' 是同一点吗？如何证明它们是同一点呢？下面我们来证明第 8 题图(c)中 $C'D$，$D'C$ 与 l 三线交于同一点。——为叙述方便我们称这个结论为引理。

分别连接 CD 和 $C'D'$，由轴对称的性质易知 $CD=C'D'$，得四边形 $CC'D'D$ 是等腰梯形。又知直线 l 过线段 CC' 和 DD' 的中点 G 和 H。

已知 $C'D$ 与 l 的交点为 E，易得 $\mathrm{Rt}\triangle GC'E \backsim \mathrm{Rt}\triangle HDE$，得

$$\frac{GE}{EH}=\frac{C'G}{DH} \tag{3.1}$$

已知 CD' 与 l 的交点为 E'，易得 $\mathrm{Rt}\triangle GCE' \backsim \mathrm{Rt}\triangle HD'E'$，得

$$\frac{GE'}{E'H}=\frac{CG}{D'H} \tag{3.2}$$

注意到 $C'G=CG$，$DH=D'H$，由(3.1)(3.2)得

$\frac{GE}{EH}=\frac{GE'}{E'H}$，即得 E' 与 E 重合，即 $C'D$，$D'C$ 与 l 三线交于同一点。

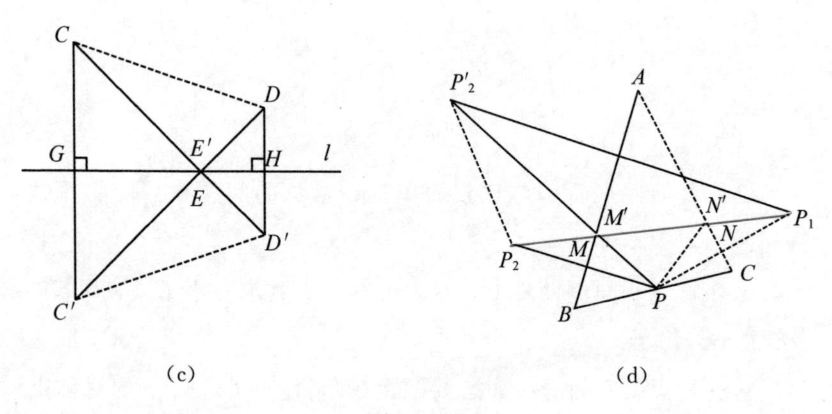

第 **8** 题图

现在我们回到原先的问题，对于例 4 之方法 1 和方法 2，第 1 步是共同的，都得到点 P 关于直线 AC 的对称点 P_1，此后问题转化为：已知直线 AB 同侧两点 P 和 P_1，在直线 AB 上求一点 M，使 $PM+P_1M$ 最小(见第 8 题图(d))。

对直线 AB 及其同侧两点 P 和 P_1 应用引理(考察等腰梯形 $PP_1P_2'P_2$，如第 8 题图(d))，可得两种方法所得之点 M 和 M' 相同，因而点 N 和 N' 也相同。

习题 4

1. 分析与证 如第 1 题图，构建以 A 为位似中心，M 是 P 的对应点的位似变换。要证 M 是 TH 的中点，只需证明 TH 的位似图形被点 P 平分。为此，连接 AT，并延长交 BP 的延长线于点 C，只需证明点 P 是线段 BC 的中点。连接 BT，得 $\angle ATB=90°$。在 $\mathrm{Rt}\triangle TCB$ 中，$PT=PB$，所以 $\angle PBT=\angle PTB$。由 $\angle CTP+\angle BTP=90°$ 及 $\angle PBT+\angle PCT=90°$，得 $\angle CTP=\angle TCP$。所以 $PT=PC$，所以 $PB=PC$，即 P 是 BC 的中点。

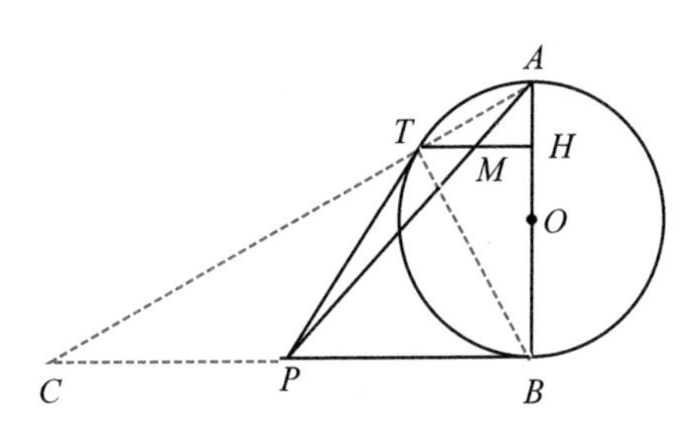

第 1 题图

2. 分析与解 题目要求所作正方形 $DEFG$ 同时满足条件：

①DE 在 BC 上，

②F 在 AC 上，

③G 在 AB 上。

同时满足三个条件不易做到，不妨先放弃条件②，暂时不要求“F 在 AC 上”。同时满足条件①③的正方形有无穷多个：如第 2 题图，在 AB 上任取一点 G_0 就可作一个正方形 $G_0D_0E_0F_0$，不同的 G_0 就可作出不同的正方形 $G_0D_0E_0F_0$，它们都是位似图形，位似中心在已知三角形的顶点 B。所有这些位似的正方形的对应顶点 F_0 组成过位似中心 B 的一条直线，这条直线 BF_0

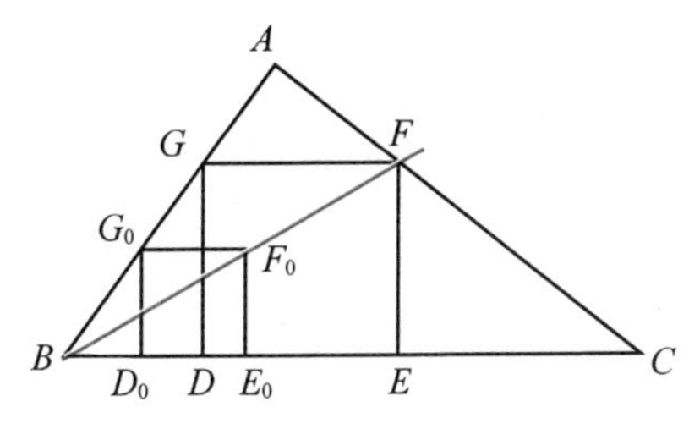

第 2 题图

与边 AC 的交点，即为所求顶点 F，过 F 即可作出符合求作条件之内接正方形 $FGDE$。

注 “先放弃一个条件考虑”，这是解作图题常用的一种方法，它是位似变换的一个应用。本题是应用上述方法的一个经典作图题。

3. 如第 3 题图，已知圆 S 的两半径 OA，OB，求作弦 PQ 分别交 OA，OB 于 R，T，使 $PR=RT=TQ$。

根据圆的对称性，所求作的弦 PQ 一定与 AB 平行。

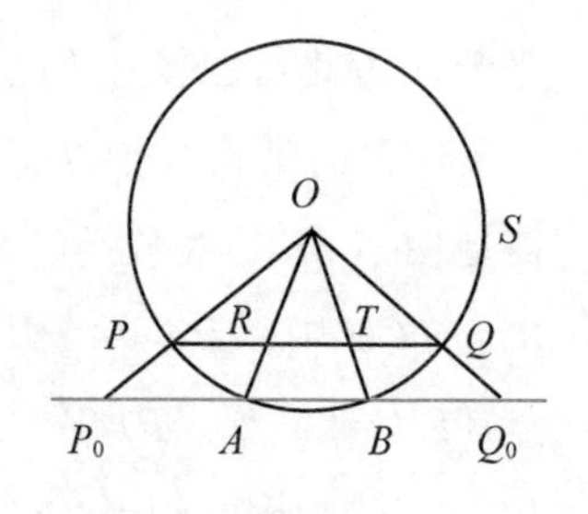

第 3 题图

作法 1 求作的线段 PQ 应满足

① $PQ /\!/ AB$；

② PQ 交 OA，OB 于 R，T，使 $PR=RT=TQ$；

③ P，Q 在圆 S 上。

暂时先放弃条件③，可得无数条线段 PQ，它们的端点 P 和 Q 分别组成两条射线 OP_0 和 OQ_0（P_0 和 Q_0 在直线 AB 上，满足 $P_0A=AB=BQ_0$）。再把条件③加上，即要求 P，Q 在圆 S 上，只需取 OP_0 和 OQ_0 分别与圆 S 的交点，即为所求的点 P 和 Q(见第 3 题图)。

作法 2 假设满足要求的弦 PQ 已经作出，如第 3 题图，连接 OP 延长与直线 AB 交于 P_0，连接 OQ 延长与直线 AB 交于 Q_0，则有 $P_0A=AB=BQ_0$。

根据上述分析，点 P_0 和 Q_0 可作(连接 AB，在 BA 的延长线上取点 P_0，在 AB 的延长线上取点 Q_0，使 $P_0A=AB=BQ_0$)，连接 OP_0 和 OQ_0 与圆 S 的交点即为所求点 P 和 Q，连接 PQ 即为所求作之弦。(证明略)

习题 5

1. 由于本题题设和题断都是仿射性质，因此只需对正方形证明本题结论成立即可。

如第 1 题图，在□$ABCD$ 中，$EF /\!/ AC$ 交 AB 于 E，交 BC 于 F，求证 $S_{\triangle AED}=S_{\triangle CDF}$。

在□$ABCD$ 中，由 $EF /\!/ AC$，得 $\angle EFB=\angle ACB=45°$，又 $\angle B=90°$，所以 $EB=FB$，从而 $AE=CF$，于是 $\mathrm{Rt}\triangle AED$ 和 $\mathrm{Rt}\triangle CDF$ 面积相等。

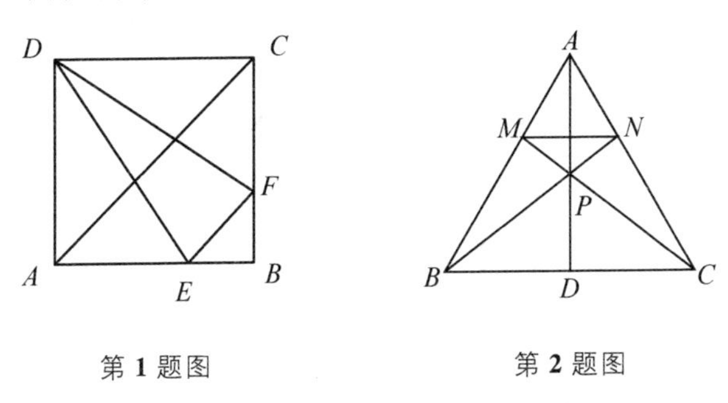

第 1 题图　　第 2 题图

2. 本题涉及的都是仿射性质，因此只需对正三角形进行证明即可。

如第 2 题图，在正三角形 ABC 的边 BC 的中线 AD 上任取一点 P，连接 BP，CP 分别与 AC，AB 交于 N，M，求证 $MN /\!/ BC$。

由 $AB=AC$，$BD=DC$，得 $AD \perp BC$，所以 $PB=PC$，$\angle PBD=\angle PCD$，又 $\angle ABC=\angle ACB$，$BC=BC$，所以 $\triangle NBC \cong \triangle MCB$(ASA)，所以 $NC=MB$，从而 $AN=AM$，又 $\angle BAD=\angle CAD$，由等腰三角形三线合一，得 $AD \perp MN$，所以 $MN /\!/ BC$。

3. $\triangle ABC$ 与 $\triangle PQR$ 的重心相同。

分析与证 因为一点分线段成两线段之比及三角形的重心，都是图形的仿射性质，所以可先通过平行投影，将任意三角形变成正三角形，只需对正三角形证明上述命题成立。

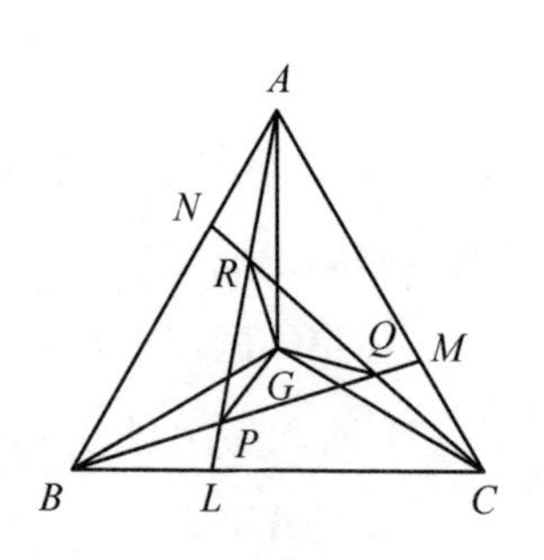

第 **3** 题图

对于正三角形 ABC，如第 3 题图，AL 与 BM 交于点 P，BM 与 CN 交于点 Q，CN 与 AL 交于点 R。正三角形 ABC 的重心 G 和外心重合，连接 GA，GB，GC 及 GP，GQ，GR。于是有 $GA=GB=GC$，且 $\angle AGB=\angle BGC=\angle CGA=120°$。以外心 G 为旋转中心，将正三角形 ABC 逆时针方向旋转 $120°$。于是 A 变到 B，即 $A\to B$。同时 $B\to C$，$C\to A$。同时 $N\to L$，$L\to M$，$M\to N$。于是有 $AL\to BM$，$BM\to CN$，$CN\to AL$。于是 AL 与 BM 的交点 $P\to BM$ 与 CN 的交点 $Q\to CN$ 与 AL 的交点 R，于是得 $GP=GQ=GR$，且 $\angle PGQ=\angle QGR=\angle RGP=120°$。于是得 $PQ=QR=RP$，$\triangle PQR$ 是正三角形，G 是正三角形 PQR 的外心即重心。

4. 分析与证 注意到本题之题设和题断都是仿射性质，因此只需对正三角形，证明所述结论成立。

（先猜一猜所说常数是多少，取一特殊点（极限点）——一个顶点，所得三条线段为两条边及一个点，得三个比的和为常数 2。）

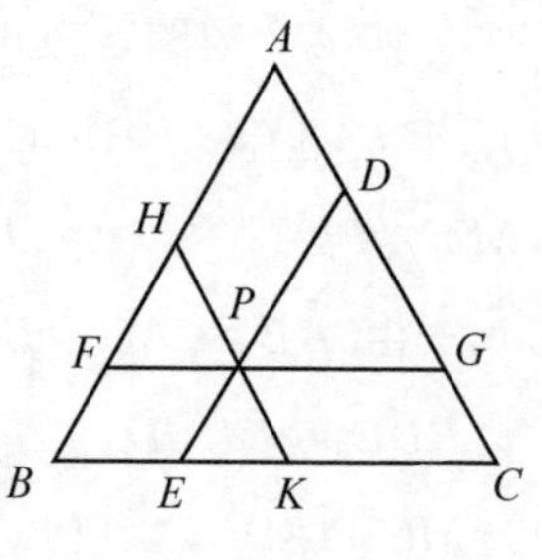

第 **4** 题图

已知正三角形 ABC 内任一点 P，如第 4 题图，过 P 作 AB 的平行线 DE，分

别交 AC 于 D，交 BC 于 E；过 P 作 BC 的平行线 FG，分别交 AB 于 F，交 AC 于 G；过 P 作 AC 的平行线 HK，分别交 AB 于 H，交 BC 于 K。求证

$$\frac{DE}{AB}+\frac{FG}{BC}+\frac{HK}{AC}=\text{常数}。$$

由 $DE /\!/ AB$，$FG /\!/ BC$，$HK /\!/ AC$，得$\square ADPH$，$\square BEPF$，$\square CKPG$ 和正三角形 HPF，正三角形 EPK，正三角形 DPG，于是得 $AD=HP=FP$，$DG=DP=PG$，$CG=PK=PE$，于是得 $DE+FG+HK=DP+PE+FP+PG+HP+PK=2(AD+DG+GC)=2AC$。所以

$$\frac{DE}{AB}+\frac{FG}{BC}+\frac{HK}{AC}=\frac{DE+FG+HK}{AC}=\frac{2AC}{AC}=2(\text{常数})。$$

5. 分析与证 注意到本题之题设和题断都是仿射性质，因此只需对正三角形，证明所述结论成立。

已知正三角形 ABC，如第 5 题图，在边 AB 上取两点 P_1，P_2，使 $AP_1=BP_2$，在边 BC 上取两点 Q_1，Q_2，使 $BQ_1=CQ_2$，在边 CA 上取两点 R_1，R_2，使 $CR_1=AR_2$，求证 $S_{\triangle P_1Q_1R_1}=S_{\triangle P_2Q_2R_2}$。

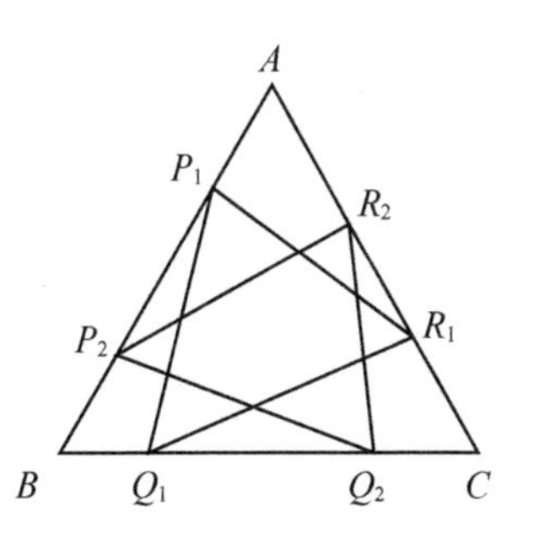

第 5 题图

为书写简便，本题如下证明中，$\triangle ABC$ 的面积仍用$\triangle ABC$ 表示。

由于$\triangle P_1Q_1R_1=\triangle ABC-(\triangle AR_1P_1+\triangle BP_1Q_1+\triangle CQ_1R_1)$，及

$\triangle P_2Q_2R_2=\triangle ABC-(\triangle AR_2P_2+\triangle BP_2Q_2+\triangle CQ_2R_2)$，

所以只需证明

$\triangle AR_1P_1+\triangle BP_1Q_1+\triangle CQ_1R_1=\triangle AR_2P_2+\triangle BP_2Q_2+\triangle CQ_2R_2$，

就有$\triangle P_1Q_1R_1=\triangle P_2Q_2R_2$了。正三角形$ABC$的边长记为$a$。

$\triangle AR_1P_1+\triangle BP_1Q_1+\triangle CQ_1R_1$

$$=\frac{1}{2}\sin 60°(AR_1\cdot AP_1+BP_1\cdot BQ_1+CQ_1\cdot CR_1)$$

$$=\frac{\sqrt{3}}{4}[(a-CR_1)\cdot AP_1+(a-AP_1)\cdot BQ_1+(a-BQ_1)\cdot CR_1]$$

$$=\frac{\sqrt{3}}{4}(aAP_1+aBQ_1+aCR_1-AP_1\cdot CR_1-AP_1\cdot BQ_1-BQ_1\cdot CR_1);$$

$\triangle AR_2P_2+\triangle BP_2Q_2+\triangle CQ_2R_2$

$$=\frac{1}{2}\sin 60°(AR_2\cdot AP_2+BP_2\cdot BQ_2+CQ_2\cdot CR_2)$$

$$=\frac{\sqrt{3}}{4}[(a-AP_1)\cdot CR_1+(a-BQ_1)\cdot AP_1+(a-CR_1)\cdot BQ_1]$$

$$=\frac{\sqrt{3}}{4}(aAP_1+aBQ_1+aCR_1-AP_1\cdot CR_1-AP_1\cdot BQ_1-BQ_1\cdot CR_1)。$$

所以

$$\triangle AR_1P_1+\triangle BP_1Q_1+\triangle CQ_1R_1=\triangle AR_2P_2+\triangle BP_2Q_2+\triangle CQ_2R_2,$$

从而$\triangle P_1Q_1R_1=\triangle P_2Q_2R_2$。

6. 分析与证　注意到本题之题设和题断都是仿射性质，因此只需对正三角形，证明所述结论成立。

已知O是正三角形ABC的重心，如第6题图，求证$S_{\triangle AOB}=S_{\triangle BOC}=S_{\triangle COA}$；

反之，已知O是正三角形ABC内一点，满足$S_{\triangle AOB}=S_{\triangle BOC}=S_{\triangle COA}$，求证$O$是正三角形$ABC$的重心。

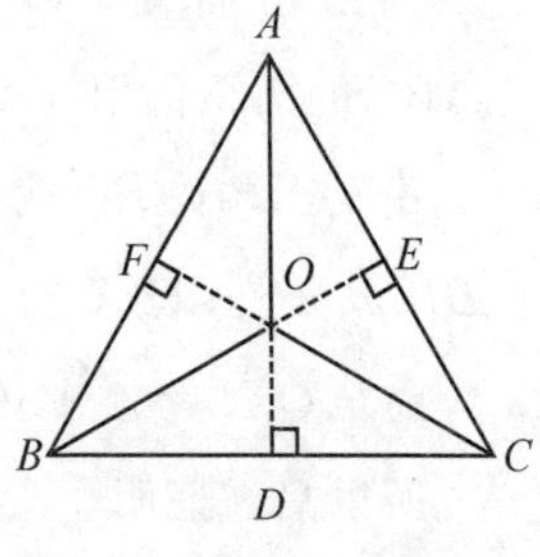

第6题图

由O是正三角形ABC的重心，得O是正三角形ABC的内心，于是O到三边

AB，BC，CA 的垂线段等长 $OF=OD=OE$，又 $AB=BC=CA$，所以

$$S_{\triangle AOB}=S_{\triangle BOC}=S_{\triangle COA};$$

反之，若 O 是正三角形 ABC 内一点，使 $S_{\triangle AOB}=S_{\triangle BOC}=S_{\triangle COA}$，由 $AB=BC=CA$，得 O 到三边 AB，BC，CA 的垂线段等长 $OF=OD=OE$，即 O 是正三角形 ABC 的内心，同时是重心。

7. 如第 7 题图，任意$\triangle ABC$ 可平行投影成正三角形 $A'B'C'$，正三角形 $A'B'C'$有一内切圆$\odot O'$正好与三边在中点处相切，将此正三角形 $A'B'C'$逆投影成原来的$\triangle ABC$，在这个投影下，内切圆$\odot O'$投影成一个椭圆，相切还变成相切，切点还变成切点，中点还变成中点，即这个椭圆与$\triangle ABC$ 的三边都相切于中点。

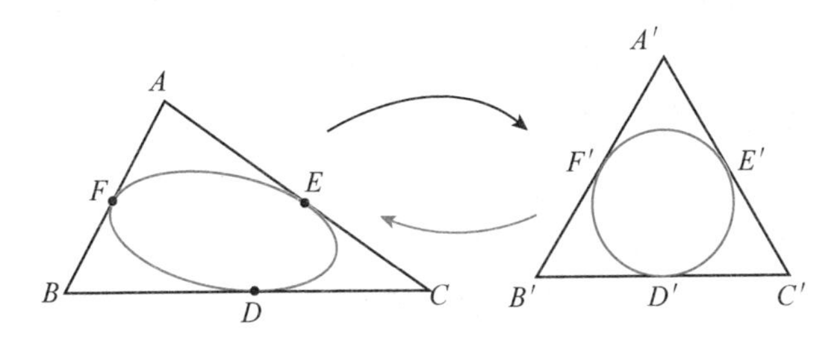

第 **7** 题图

习题 6

1. 分析与证 题设 R 为 OZ 上的动点，且 RA，RB 分别交 OX，OY 于 P 及 Q，求证 PQ 必通过 AB 上的一个定点。为此我们在 OZ 上任取两点 R_1，R_2，AR_1 和 AR_2 交 OX 于 P_1 和 P_2，BR_1 和 BR_2 交 OY 于 Q_1 和 Q_2，只需证明 P_1Q_1 和 P_2Q_2 的交点在直线 AB 上即可。

将 O，A，B 同时投射到无穷远点，只需证明 P_1 和 Q_1，P_2 和 Q_2 两点的像点的连线互相平行，即相交于无穷远点即可。

为了将 O，A，B 同时投射到无穷远点，只需将直线 AB 投射成无穷远直线，得 O，A，B 的像点为 O'_∞，A'_∞，B'_∞。

OZ 上任取的两点 R_1，R_2，AR_1 和 AR_2 与 OX 的交点 P_1 和 P_2，BR_1 和 BR_2 与 OY 的交点 Q_1 和 Q_2，在上述中心投影下的像分别为(见第 1 题图)：R'_1 和 R'_2，P'_1 和 P_2'，Q'_1 和 Q'_2。

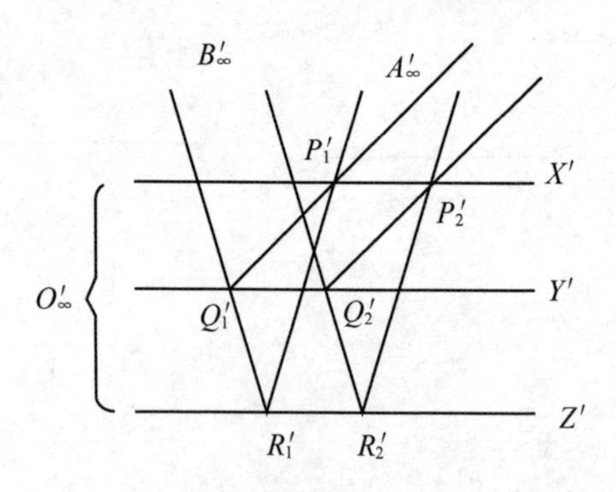

第 **1** 题图

由于交于同一个无穷远点的直线是互相平行的，所以 $O'_\infty X' \parallel O'_\infty Y' \parallel O'_\infty Z'$，$A'_\infty R'_1 \parallel A'_\infty R'_2$，$B'_\infty R'_1 \parallel B'_\infty R'_2$，得四边形 $P'_1P_2'R'_2R'_1$ 为平行四边形，得 $P'_1P_2' \parallel R'_1R'_2$ 且 $P'_1P_2' =$

$R'_1R'_2$：同理得 $R'_1R'_2 // Q'_1Q'_2$ 且 $R'_1R'_2 = Q'_1Q'_2$。于是得 $P'_1P_2' // Q'_1Q'_2$ 且 $P'_1P_2' = Q'_1Q'_2$，所以得 $P'_1Q'_1 // P_2'Q'_2$，即 $P'_1Q'_1$ 与 $P_2'Q'_2$ 相交于无穷远点。说明原像 P_1Q_1 和 P_2Q_2 相交于 AB 上的同一点，即 PQ 过 AB 上的一个定点。

2. 设$\triangle ABC$ 的重心为 G(中线 AL 和 BM 的交点)，垂心为 H(高线 AD 和 BE 的交点)，外心为 O(中垂线 OL 和 OM 的交点)，要证 G，H，O 三点共线，连接 OH，也就是要证明 AL，BM 和 OH 三线共点。

如第 2 题图，连接 LM，考察$\triangle ABH$ 和$\triangle LMO$，有 $AB // LM$，$AH // LO$，$BH // MO$，即对应边的交点皆为无穷远点，即对应边的交点共线(共无穷远直线)，由笛沙格定理得对应顶点的连线 AL，BM 和 OH 三线共点，即 G，H，O 三点共线。

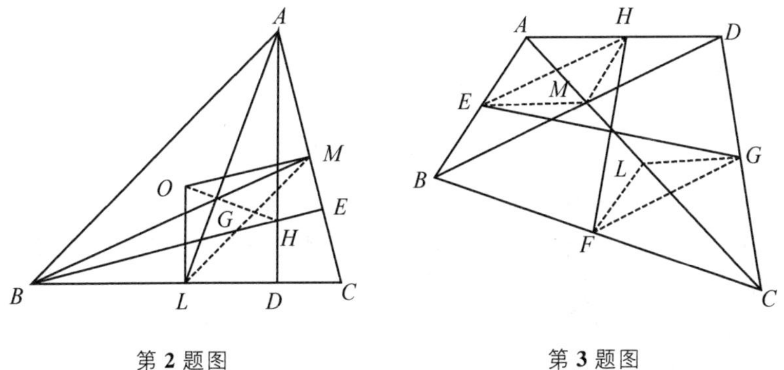

第 **2** 题图　　　　第 **3** 题图

3. 如第 3 题图，已知任意四边形 $ABCD$，AB 的中点为 E，BC 的中点为 F，CD 的中点为 G，DA 的中点为 H，对角线 AC 的中点为 L，对角线 BD 的中点为 M。求证 EG，HF 和 ML 三线共点。

如第 3 题图，连接 HE，HM 和 EM，连接 GF，FL 和 GL，考察$\triangle EHM$ 和$\triangle GFL$，有 $EH // BD // GF$，$EM // AD // GL$，$HM // AB // FL$，即对应边互相平行，即对应边的交点皆为无穷远

点，即对应边的交点共线(共无穷远线)，由笛沙格定理得对应顶点的连线 EG，HF 和 ML 三线共点。

4. 作法　如第 4 题图，设 a，b 交于 A_1，c，d 交于 A_2，连接 A_1A_2，记为直线①。在①上取定一点 S。

过 S 作直线②，与 b 的延长线交于 B_1，与 d 的延长线交于 B_2。

过 S 作直线③，与 a 交于 C_1，与 c 交于 C_2。

连接 B_1C_1，B_2C_2，相交于点 P。

过 S 作直线④，与 a 的延长线交于 E_1，与 c 的延长线交于 E_2。

过 S 作直线⑤，与 b 交于 D_1，与 d 交于 D_2。

连接 E_1D_1，E_2D_2，相交于点 Q。

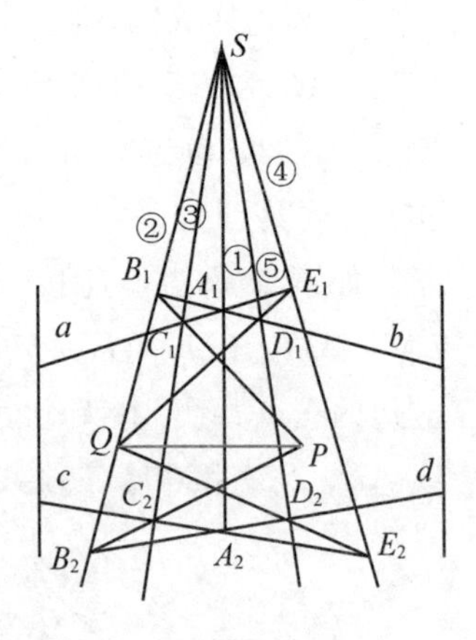

第 4 题图

则连线 PQ 即为在如图所示的范围内，所求作的过 a 与 c 的交点及 b 与 d 的交点的直线。

证　如第 4 题图，考察$\triangle A_1B_1C_1$与$\triangle A_2B_2C_2$，由于 A_1A_2，B_1B_2，C_1C_2即直线①②③共点(S)，于是由笛沙格定理得A_1B_1与A_2B_2(即直线 b 与 d)的交点，B_1C_1与B_2C_2的交点 P，A_1C_1与A_2C_2(即直线 a 与 c)的交点，三点共线。

考察$\triangle A_1E_1D_1$与$\triangle A_2E_2D_2$，由于 A_1A_2，E_1E_2，D_1D_2即直线①④⑤共点(S)，于是由笛沙格定理得 A_1E_1与A_2E_2(即直线 a 与 c)的交点，E_1D_1与E_2D_2的交点 Q，A_1D_1与A_2D_2(即直线 b 与 d)的交点，三点共线。

于是 P，Q，a 与 c 的交点，b 与 d 的交点，四点共线，即直线 PQ 过 a 与 c 的交点和 b 与 d 的交点。

习题 7

1. 图(a)中两个图形不同胚。因为左图中有1个指数为1的点，而右图中却有2个指数为1的点；左图中有1个指数为3的点，而右图中没有；右图中有1个指数为4的点，而左图中没有。

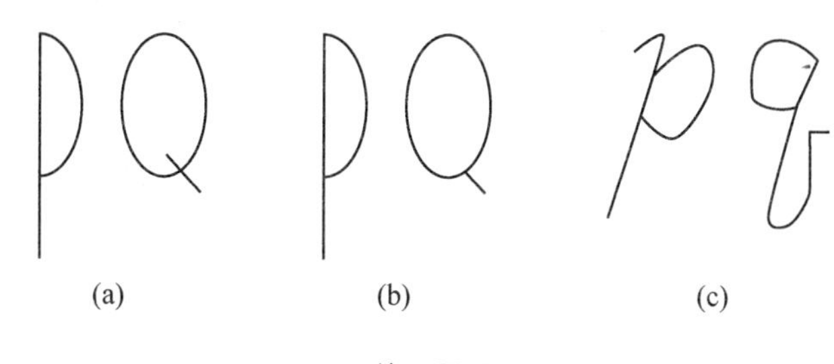

第1题图

图(b)中两个图形同胚。因为它们能互相从一个经过橡皮变形成另一个。

图(c)中两个图形不同胚。因为左图中有2个指数为1的点，而右图中却只有1个指数为1的点；左图中有2个指数为3的点，而右图中却只有1个指数为3的点。

2. 若能围成一个有5个面的凸(或凹)的多面体，5个三角形共有 $3\times5=15$ 条边，又知多面体的相邻两个面共用一条棱，因此各面边数的总和是多面体棱数的2倍，因此由5个三角形面组成的多面体的棱数是$\frac{15}{2}$，而多面体的棱数应是整数，矛盾了，说明由5个三角形面不可能围成有5个面的凸(或凹)的多面体。

3. 若 $V+E+F=2\ 015$①，又由欧拉公式 $V-E+F=2$②，①－②得$E=\frac{2\ 013}{2}$，与棱数 E 应是整数相矛盾了，说明满足 $V+$

$E+F=2015$ 的多面体是不可能存在的。

4. 图(a)只有两个奇顶点(图中的点 A 及 B)，所以能一笔画，但必须以一个奇顶点为始点，另一个奇顶点为终点。

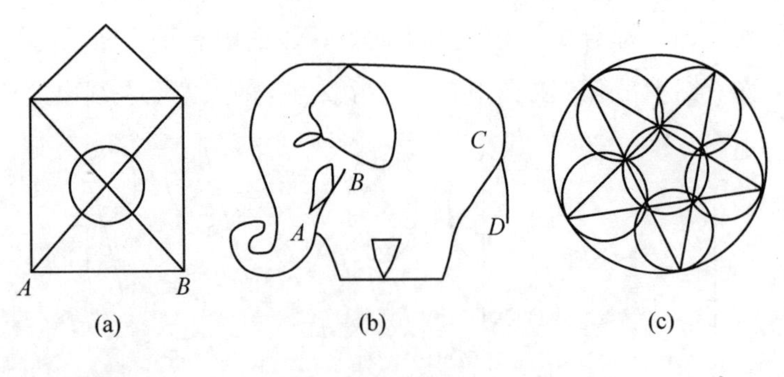

第 **4** 题图

图(b)有 4 个奇顶点(图中的点 A，B，C，D)，所以不能一笔画。

图(c)没有奇顶点(图中全部顶点皆为偶顶点)，所以能一笔画，可以从任意一个(偶)顶点开始(试一试，动手画一画，如何一笔画出它来)。